小池・小泉「脱原発」のウソ

目次

はじめに

小池都知事と小泉元首相の「原発ゼロ」は無責任

小池百合子東京都知事は2017年10月の衆議院総選挙に際し、自らを代表とする新党「希望の党」を立ち上げ、「2030年までの原発ゼロ」を選挙公約に掲げました。

今後、たった13年間で脱原発を果たすという短兵急な期限設定にこだわったのは、小池氏だと報じられています。この目標は、かつて民進党が蓮舫代表の時代、選挙公約に入れようとして断念したことからわかるように、実現性に乏しく、小池氏自身、過去に原発ゼロに類する発言をしたことはありません。まして小池氏がトップを務める東京都は、原発再稼働を目指す東京電力の大株主（2015年末時点で1・2％を保有、上位4番目）でもあります。いったい何があったのでしょうか。

実は小池氏が「原発ゼロを目指す」とはじめて表明した9月25日の記者会見の前、都庁でひそかに会談していたのが、脱原発を持論とする小泉純一郎元首相でした。二人は脱原発について話し合ったとされ、希望の党への意見を聞かれた小泉氏は「原発ゼロを応援します」と実際に記者に語っています。

政治家が「風に乗って」選挙に勝つには、原発ゼロが有権者への有効なアピールになると判断しているのでしょう。

確かに2016年7月の鹿児島県知事選挙、同年10月の新潟県知事選挙では、いずれも県内に立地する原発の停止や再稼働反対を主張する候補が、与党が支援する候補を破って当選を果たしています。世論の風は、脱原発になびいているようです。

本屋を覗いてみても「原発反対」とか「原発ゼロ」と大書した表紙の本ばかりが目に付きます。さらにインターネット（特にSNS）では、反原発派の人々の意見や情報が氾濫しており、そのトーンの激しさには圧倒されそうです。福島原発事故以前でもそうでしたが、事故後はとくにこの傾向が顕著になっています。各種の世論調査でも、原発反対、再稼働反対が国民の7割くらいに達するとか。今や反原発の嵐が日本列島全土に吹き荒れているといった感じです。

このような国内の異様な雰囲気の中で、「いや、原子力は必要です。資源小国日本にとっては欠かせません。是非早期に原発を再稼働すべきです」などと言おうものなら、たちまち四方八方から猛反撃にあい、罵倒され、人格まで全否定されかねません。今時よほどの勇気がないと原発必要論の本を書くことなどできません。第一、そのような本を出してくれる出版社も見当たりませんし、出してくれても売れる見込みはなさそうです。

しかし、このような国内の状況を放っておいて、果たして将来、日本は大丈夫なのだろうかという懸念を抑えることは出来ません。ここで、偏った情報に基づいて、日本が間違った判断をし、間違った方向に突き進むのを黙ってみているのは、知的な怠慢であるだけでなく、日本国民の一人として無責任ではないかと思うのです。

このところ、様々な著名人が反原発の論陣を張っています。たとえば、3・11の4年半前まで内閣総理大臣の職にあった小泉純一郎氏は「原発ゼロ」を各地で精力的にぶち上げており、複数の本が出版されています。同氏を個人的に攻撃するつもりはありませんし、個人の意見を標的にするのは好ましくありませんが、元首相という立場上それなりに大きな影響力がありますので、等閑視することは出来ません。

小泉氏の意見の中で一番納得できないのは、原子力の欠点――特に高レベル放射性廃棄物、いわゆる「核のゴミ」の永久処分場を見つけられないこと――を挙げて、即時「原発ゼロ」を提唱し、もし今、原発問題を争点にして総選挙をやれば自民党は必ず負けるなどと、野党をそそのかすような発言を繰り返しておられることです。

ならば日本のエネルギー政策はどうすべきなのか、原発の穴埋めを何でするのかという点になると、「再生可能エネルギーでできる」というだけで、具体的な代案を全く示していないのです。「具体的な案は誰か頭の良い人が考えてくれるだろう」と言うだけでは、あまりにも無責任です。

要するに、氏は原発を潰すことだけが目的で、日本の長期的なエネルギー問題には関心がないのかもしれません。しかし、いやしくも一時期日本の最高責任者であった人ですから、もっと責任ある提言をしてもらいたいもの。失礼ながら、エネルギー問題は同氏が得意とする「ワンフレーズ」でカバーされるほど単純なものではないし、氏の業績とされる郵政民営化などとは全く次元の違う重要な問題なのです。

山田孝男著、毎日新聞社

吉原毅編、扶桑社

冨名腰隆・関根慎一著、筑摩書房

一国の長期的なエネルギー政策は、国家百年の命運にかかわる大問題であり、一度や二度の総選挙の争点で終わるテーマではなく、そもそも目先の政争の具にすべきではありません。

小池氏や小泉氏の「原発ゼロ」論のどこがどう間違っているかは、本書の中で書かれていることを先入観抜きで読んでいただければ自然に分かっていただけるはずですが、今ここで一点だけ、同氏が最も重視しておられる高レベル放射性廃棄物の最終処分問題について言えば、フィンランドのような地形や地質に恵まれない日本でも、十万年以上安全に廃棄することは技術的に十分可能であり、その面の技術開発は日本もすでに高いレベルに達しています。

問題は、現在のところ、高レベル放射性廃棄物の最終処分ということについての理解がまだ十分進んでおらず、他方で反原発派による執拗な宣伝や誤情報のせいで一般市民の支持が得られていないことです。この問題は確かに難問で、各国ともそれぞれ大変苦労していますが、時間をかけて丁寧に説明していけば、そして、各国での実績が積み重なっていけば、必ず早晩解決すると考えます。当然ながら政府や電力会社など当事者は、もっと柔軟な発想と創意工夫により一般市民が理解しやすい説明をする必要があります（私が提案する解決方法の一つについては、42ページのコラムをご参照ください)。

思うに、原子力がエネルギー・電力源として本格的に実用されるようになってまだ半世紀。石油や石炭に比べればまだまだ発展途上のエネルギーと言えます。確かに東電の福島第一発電所の過酷事故は悲劇的な出来事であり、その教訓はしっかり生かされなければなりませんが、この事故があったから、その被害が甚大であったからと言って、ここで原子力という、無資源国日本に最も適した貴重なエネルギー源を放棄してしまうのは、あまりにも短慮で、もったいないと思います。英語のことわざに「大事な赤ん坊をたらいの水と一緒にうっかり捨ててしまうな(Don't throw the baby out with the bath water)」というのがありますが、まさにそういう愚な過ちを犯すべきではありません。

原子力発電は決して制御不可能な技術ではないと思います。その技術の性格をしっかり理解し、適切に管理すれば、今までと同様、今後も日本の経済産業の発展と国民生活の向上に大きく貢献するはずです。もちろん、再生可能な自然エネルギー(水力、太陽光、風力、地熱など)はこれからも最大限に活用すべきであり、そのための努力や投資は惜しむべきではありません。私たちは決して再生可能エネルギーに反対しているのではなく、その一層の普及には基本的に大賛成です。

必要なことは、在来の火力発電（石炭、天然ガス、石油）、原子力、水力、再生可能エネルギーをバランスよく、効率よく使っていくことです。それが「ベスト・ミックス」という考えで、日本も3・11まではそれで立派にやってきました。様々なエネルギーの組み合わせの中で、天気（日照時間）や風況などの制約で不安定な自然エネルギーをうまく使っていくためには、基盤になるエネルギー（ベースロード電源）として原子力は欠かせません。もちろん火力発電も重要で、3・11以後は原発に代わってフル稼働しており、現在は日本の電力の9割近くを占めていますが、中にはいったんリタイアしたものを無理に動かしているケースもあり、いつまでもこのまま使い続けるわけにはいきません。

また、火力発電の燃料はすべて海外からの輸入であり、その購入のため毎年3兆円もの国費が余分に海外に流出しています。また、ここ数年来石油や天然ガスの値段は安定していますが、リーマン・ショック（2008年）以前のように、いつまたうなぎ上りに上昇するか分かりません。今後も世界各国が石油や天然ガスを必要としているので、需給関係がタイトになれば争奪戦が激化し、常に一定量、確実に輸入できるとは限りません。産油国側も資源温存のため輸出を制限することも考えられます。

さらに、燃やせば必ずCO2が出る化石燃料は、温暖化防止の観点から今後益々厳しく規制されますから、いつまでも自由に使うわけにはいきません。温暖化の原因である気候変動については、一部に懐疑的な意見もありますが、大部分の国は科学者たちの意見を重視し、地球温度の上昇を一定レベル以下に留める必要を認めており、そのためＣＯ２排出削減に取り組んでいます。

日本の場合は、福島事故後の火力発電の増大によりＣＯ２排出量が増えていますが、世界各国も、日本の特殊事情を知っているので、今のところＣＯ２排出量が増えても大目に見てくれています。しかし、この状態がいつまでも許されるわけではなく、いずれ厳しい批判が日本に向けられるのは避けられません。

このように見てくると、無資源国日本のエネルギー事情の厳しさは多言を要さず、私たちに残されている選択肢が極めて限られていることも容易に理解できるはずです。つまり、原子力は、好き嫌いに関係なく、日本にとって必要不可欠なエネルギーであるということです。かつて40数年前の石油ショックのときも、日本は原子力発電を最大限拡大することによって国家的危機を乗り越え、経済大国の地位の獲得に成功しました。まさに原子力は日本にとって救いの神であったわけです。今、福島事故という未曽有の危機にあり、歯を食いしばって何とかこの危機を乗り切り、成長と繁栄を維持していかなければなりませんが、そのためには「縁の下の力持ち」である原子力は不可欠なのです。

私たちは、これらのことをできるだけ分かりやすく説明して、一人でも多くの方々に正しいエネルギー選択をしていただくために、この本を書く決心をしました。とくに、日頃理系的な問題には疎く、原子力やエネルギー問題はややこしいから苦手だと考えている文系的な一般市民の方々――家庭の主婦や中学生以上の若い人々を含め――に読んでいただきたいと思って、できるだけ分かりやすく、親しめるように書く努力をしました。そのような意図が十分に達成できたかどうかは皆様のご判断に待つしかありませんが、どうか私たちの真意を素直に受け入れて、読んでいただき、その上でバランスのとれた判断をしていただければ望外の幸いです。

福島事故以来、すっかり原子力恐怖症や嫌悪症が蔓延してしまった日本で、このようなことを言えば、「上から目線だ」、「専門家の妄想だ」、「庶民感覚が足りない」、さらには「電力会社の回し者だ、御用学者だ」という批判や罵声を浴びるかもしれませんが、それは覚悟した上で、私たちは敢えて信念をもって「原子力は日本にとって必要不可欠だ」と主張します。そうすることが、日本人としての務めであると考えるからで、決して私利私欲からではありません。私たちの意見がどうしても納得できない、反対だという方は是非直接私たちにご連絡ください。二項対立の不毛な議論を避け、少しでも建設的な議論の輪を広げていきたいと切に願っています。

末筆ながら、この本の出版を快く引き受けて下さった飛鳥新社に対し、また、原稿段階で様々なコメントをお寄せ下さった友人諸氏に対し、厚く御礼を申し上げます。

なお、この本は本来今回の衆議院総選挙（２０１７年10月22日）以前に出版され、広く読まれるべきものであって、執筆者一同はそれを強く願っていましたが、不幸にして印刷所の都合等により出版が大幅に遅れ、総選挙後の11月初旬になってしまったことは誠に残念です。このことを最後に特に付言しておきます。

２０１７年10月

執筆者代表　金子熊夫

この本の執筆分担は次の通りです。

金子熊夫＝はじめに、第1章、第2章、第8章
小野章昌＝第3章、第4章
河田東海夫＝第5章、第6章、第7章

第1章

福島事故の悲劇を乗り越える

福島事故の後遺症はまだ癒えていない

個人でも、国家でも、未曽有の大災害や大惨事に遭い、極限的な不幸を経験すると、それがトラウマとなり、そのショックから立ち直るのにものすごく時間がかかります。例えば、日本が１９４５年に太平洋戦争で負けた時、広島と長崎が原爆で壊滅させられた時、日本人はその衝撃に打ちのめされ、そこから立ち直るのに長い時間がかかりました。

しかし、日本人は持ち前の勤勉さ、辛抱強さと、ある種のポジティブ・シンキングによってそれを乗り越え、以前より立派な日本、広島・長崎を作り上げることに成功しました。それは日本という国が古来長い歳月をかけて営々と築きあげてきた民族的パワーによるものだと言えましょう。そして、21世紀のいま、日本は再びそのような民族的なパワーを発揮できるかどうかを試される大事な時期にあるのだと思います。

２０１１年3月11日の午後2時46分、突然発生した大地震と、その後に東北地方を襲った巨大津波による大規模災害から既に6年半が経過しましたが、大震災による後遺症はまだ十分に癒えておりません。とくに福島県の浜通り周辺には地震と大津波のツメ跡があちこちに残っており、復興にはまだまだ多くの時間と努力が必要と思われます。それは、不幸にもこの地域が、地震と大津波に加えて、放射能汚染という特殊な、そして深刻な災害に見舞われたからです。

太平洋岸に建つ東京電力の福島第一原子力発電所は、地震には耐えたものの、46分後に、13メートルを超す巨大な津波の直撃を受け、全交流電源を喪失したため、海側の４基の原子炉のうち、３基で冷却水欠如により炉心が過熱し、核燃料が溶融（メルトダウン）するという極めて過酷な状況に陥りました。その結果発生した水素ガスが建屋内に充満し爆発したため、高いレベルの放射能が大量に大気中に放出され、発電所の周辺地域一帯を汚染してしまいました。幸い直接放射線被曝で命を失った人は一人もいませんが、16万人以上（２０１2年5月のピーク時）の方々が自宅を離れ、避難を余儀なくされました。長い避難生活の間に様々な理由で亡くなった方々は２０００人以上に達すると言われます。

その後、被曝した地域の除染作業が徐々に進められた結果、帰還困難区域を除く大半の地域で、避難指示が解除されてきていますが、２０１７年10月現在、いまだに6万人近い方々が自宅に帰還できず、不自由な避難生活を強いられています。その方々の苦労と心痛は計り知れないものがあり、このことは日本人として一時も忘れるべきではありません。

ただ、除染の遅れ、避難指示解除の遅れが帰還者を減らし、福島復興を難しくしてしまっていますが、その原因の1つは、いわゆる「1ミリシーベルトの呪縛」であることは多くの専門家によって指摘されているところです。

他方、今回の福島原発事故は当然日本の電力・エネルギーにも重大な影響を及ぼしました。この事故の結果、全国の原子力発電所（事故当時54基）の大部分が停止してしまいました（一部は廃炉に）。九州、中国地方や北海道のような福島から遠く離れた地域にある原子力発電所は事実上ほとんど全く無傷のままでしたが、当時の菅直人・民主党政権の方針により、それらもすべて運転停止に追い込まれました。内閣総理大臣といえども、稼働中の原子炉を止める法的権限はありませんが、例えば静岡県の中部電力・浜岡原子力発電所は内閣総理大臣の「要請」により止められました。福井県の関西電力・大飯原発だけは次の総理大臣の判断で、震災後もしばらく稼働していましたが、結局停止しました。

福島事故以前、1979年にはアメリカ・ペンシルヴァニア州のスリーマイル・アイランド（TMI）原発で、1986年には旧ソ連（現在ウクライナ）のチェルノブイリ原発で、それぞれ誤操作により大事故が起こりましたが、このためヨーロッパやアメリカ、ソ連等の全原発が運転を止めたなどということは起こりませんでした。それだけ、今回の福島事故の場合、日本人が受けた衝撃は大きく、日頃からの原発に対する関心度、逆にいえば、不安感や恐怖心が他国とは比較にならないほど強烈だということでしょう。

「世界一厳しい」規制基準と根強い核アレルギー

福島事故後、当時の民主党政権の下で、国の原子力規制体制も一新されました。それまでの、経済産業省の原子力安全・保安院に代わり、いずれの省庁からも独立した行政機関（形式上は環境省の外局）として「原子力規制委員会」と、その下に「原子力規制庁」が新設されました。そして、この原子力規制委員会によって、福島事故の苦い教訓を反映した規制基準が新たに制定されました。この新規制基準は〝世界一厳しい〟と言われますが、これに適応しなければ原発の再稼働や新設、運転期間延長は認められない仕組みになっています。

この新基準が施行されて約3年半、いくつかの電力会社の原発が再稼働に向けて規制委員会の審査を受けていますが、審査に合格し、所在地の知事などの同意を得て実際に再稼働したのは、２０１７年10月現在わずか5基。九州電力の川内原発２基、四国電力の伊方原発1基、関西電力の高浜原発2基です。

こうした状況の背景には、言うまでもなく、原子力に対する国内の厳しい世論があるからです。元々日本には、広島・長崎原爆やビキニ環礁事件（1954年）に起因する反核感情や原子力アレルギーが根強くありますが、それが福島事故で一気に再噴火した感じです。原発に対する不安感、恐怖心、嫌悪感、反感は、今や人々の心の中でじわじわと増殖しつつあり、従来原子力に理解のあった人々の中にも、福島事故をきっかけに反原発に転じた人が少なくないようです。

以前から反原発、脱原発を唱えていた人々は、福島事故後勢いを増し、ここで一気に日本の原発を「ゼロ」に追い込もうと頑張っています。マスコミやインターネット（SNS）にはそうした人々の、かなりセンセーショナルな情報や意見が溢れています。原発必要論を口に出して唱える人はごく少数です。おそらく多くの国民や政治家は、心の中で原発は必要だと思っていても、中々それを口に出して言えません。言い出すとたちまち反原発派の猛反撃に遭い、社会的に危険な目に遭う恐れもあるからです。原子力専門の学者や技術者たちも、「御用学者」のレッテルを張られるのを嫌がって、あまり発言しません。原子力のような高度の専門的知識を要する問題について、専門家が自由に発言する機会を与えられず、仮に発言しても重視されず、俄か仕込みのエセ専門家ばかりが幅を利かすという状況はいかにも異常と言わねばなりません。

こうした状況が今後も長く続けば、日本における原子力の基盤は弱体化し、逆に反原発ムードはますます拡大し、ついに文字通り「原発ゼロ」となり、原発は日本から永久に姿を消すようなことになるでしょう。しかし、それでよいのでしょうか？　それで日本は、21世紀の世界において、これまでのように繁栄を続けていくことができるのでしょうか？

日本のアキレス腱　エネルギー自給率は僅か6％

20世紀半ばまでの日本であれば、それでも問題なかったでしょう。当時日本はアジアで唯一の先進工業国で、列強の一つとして軍事力もありましたから、少なくともアジアにおいては日本を脅かすようなライバルはいませんでした。つまり日本は良い意味でも悪い意味でも「唯我独尊」的なゴーイング・マイウェイが可能でした。しかし、第2次世界大戦で完全な敗北を喫した日本は、戦後、平和国家の道を選択しました。その結果、世界第2位（現在は第3位）の経済大国にはなりましたが、かつてのようにアジアにおいて圧倒的な力を持っているわけではなく、常に他の国々との厳しい競争の中で生きて行かねばなりません。

特に日本は昔も今もエネルギー資源小国で、エネルギー自給率は僅か6%と、際立って低いという「アキレス腱」を抱えています。低い低いと懸念されてきた食料自給率は、近年かなり改善されて現在は39%（カロリーベース）に達しています。

日本は大半のエネルギー資源を海外から輸入しなければなりませんが、この状況が今後いつまで続けられるかが問題です。日本以外の国々も経済開発が進むにつれて、エネルギー需要が急増しているので、資源の奪い合いの激化が避けられません。現在のところ、日本はまだ比較的に経済力があるので、カネの力で何とかなっていますが、この状況がいつまでも続くとは考えられません。資源産出国では自国の経済開発が進み、国内の需要が増大するにつれて、資源を自国内で使うためできるだけ温存し、輸出を徐々に減らすようになっています。例えば天然ガスの場合、日本の輸入先の一つであるインドネシアなどでは近年対日輸出を減らす傾向が現われつつあります。そうなればいくらカネを積んでも売ってくれなくなります。

石油輸入ルートには危険がいっぱい

石油については、リーマン・ショック（２００８年）直前までは１５０ドル（１バレル）近くまで高騰した価格が、それ以後一気に30ドル台まで下落しました。その後米国における「シェールガス革命」の影響などもあり、現在は世界的な原油安が続いていますが、産油国同士の駆け引きなどにより、いつまた高騰しはじめるか分かりません。しかも、元々石油は政情不安定な中東地域などに偏在しているので、いつ供給がストップするか分かりません。１９７３年の第１次石油危機は先述の通り、第４次中東戦争（イスラエルとその周辺のアラブ諸国との間の軍事衝突）が発端でした。これに懲りた日本では、以後約半年分（官民合わせて）の石油備蓄を持っていますので、すぐに困ることはないでしょうが、決して盤石ではありません。天然ガスは石油と異なり、長期備蓄がきかず、２週間分程度の備蓄しかありません。

さらに言えば、中東で買った石油はペルシャ湾、ホルムズ海峡、インド洋、マラッカ海峡、南シナ海、バシー海峡、東シナ海を経由して日本まで約１万３０００キロもの長い海路（シーレイン）を大型タンカーで、1日平均3隻の割合で運搬しなければなりませんが、その途中には多数のチョークポイント（テロや海賊が出没する難所）があり、決して油断はできません。とくに、現在中国の強引な進出が目立つ南シナ海で武力衝突などの不測事態が起これば、日本のエネルギー安全保障は大きなダメージを受けるおそれがあります。

このように石油は必然的に国際的な政治情勢の影響を受けやすいという問題点がありますが、それだけではありません。既存の油田の生産量は既にピークを迎えており、新規油田の開発が進まなければ、いずれ供給不足になり、世界的需給関係が逼迫することは避けられません。もちろん産油国間の軋轢（あつれき）による世界石油市場の緊張も予想されます。そのような事態に備えて、中東の産油国の中には、石油収入（オイル・ダラー）があるうちに自国内に原子力発電所を建設し、石油を少しでも長く温存しておこうという動きが実際に表面化しつつあります。そうした国からは原発技術先進国である日本に対して、原発建設のための協力を求めてきています。

温暖化対策上、化石燃料は益々使いにくくなる

さらにもう一つの重要な観点があります。それは地球温暖化対策という観点です。地球上の温度上昇を一定範囲（産業革命前のレベルの2℃以内）にとどめておくためには、温室効果ガス、とりわけCO2の排出量を抑えなければなりません。そして、そのためには、CO2を大量に出す石炭、石油、天然ガス等の化石燃料をなるべく使わないようにする必要があります。とくに石炭は安価で埋蔵量も豊富なのですが、大量のCO2を出すので、気軽に使うわけにはいきません。欧米各国では非常に厳しい排出規制をかけるようになっているので、石炭火力発電所の建設が益々困難になってきています。石炭を燃やしてもCO2が出ないようにする、あるいは、出たCO2を分離して地中などに貯蔵・処分する技術（Carbon Capture & Storage=CCS）が将来実用化されない限り、石炭を使い続けるのは難しいでしょう。

ちなみに、米国では、トランプ新政権が化石燃料の開発促進を打ち出しており、その反面、温暖化防止には消極的で、オバマ前政権が電力会社に課した厳しいCO2排出規制措

置を次々にひっくり返そうとしていますが、この問題は最終的には最高裁判所の判断に委ねられるので、簡単には解決しないと予想されます。いずれにせよ米国は様々なエネルギー資源に恵まれており、選択肢を沢山持っているので、無資源国・日本に比べれば、状況はかなり楽だと言えます。

日本では、福島事故後原発がほとんどすべて止まってしまったので、やむを得ずいったんリタイアした老朽火力発電所をフル稼働させて、懸命に原子力で失った分の電力を補っています。電気の安定供給を至上命令とする電力会社が、あらゆる施設と運転員を総動員して必死に頑張っています。原発が止まってしまっても、その後6年間電気の供給が維持され、停電が起こっていないのはそのためです。現在日本の総発電電力量の90％近くは天然ガス、石炭、石油による火力発電です。（次ページ図1－1参照）

火力発電で間に合っているのだから、原子力が無くても大丈夫だろうというのは全くの誤解で、例えば老朽化した火力発電所がいつ何時パンクするか分かりません。今まで大過なく電気が供給されてきたのは僥倖（ぎょうこう）と考えるべきでしょう。さらに、日本は原発で失った分を火力発電でカバーするため、膨大な量の化石燃料を輸入しており、それに毎年約3兆円（過去6年間で約16兆円）余分に国費を使っているのです。それだけ国費が海外に流出し

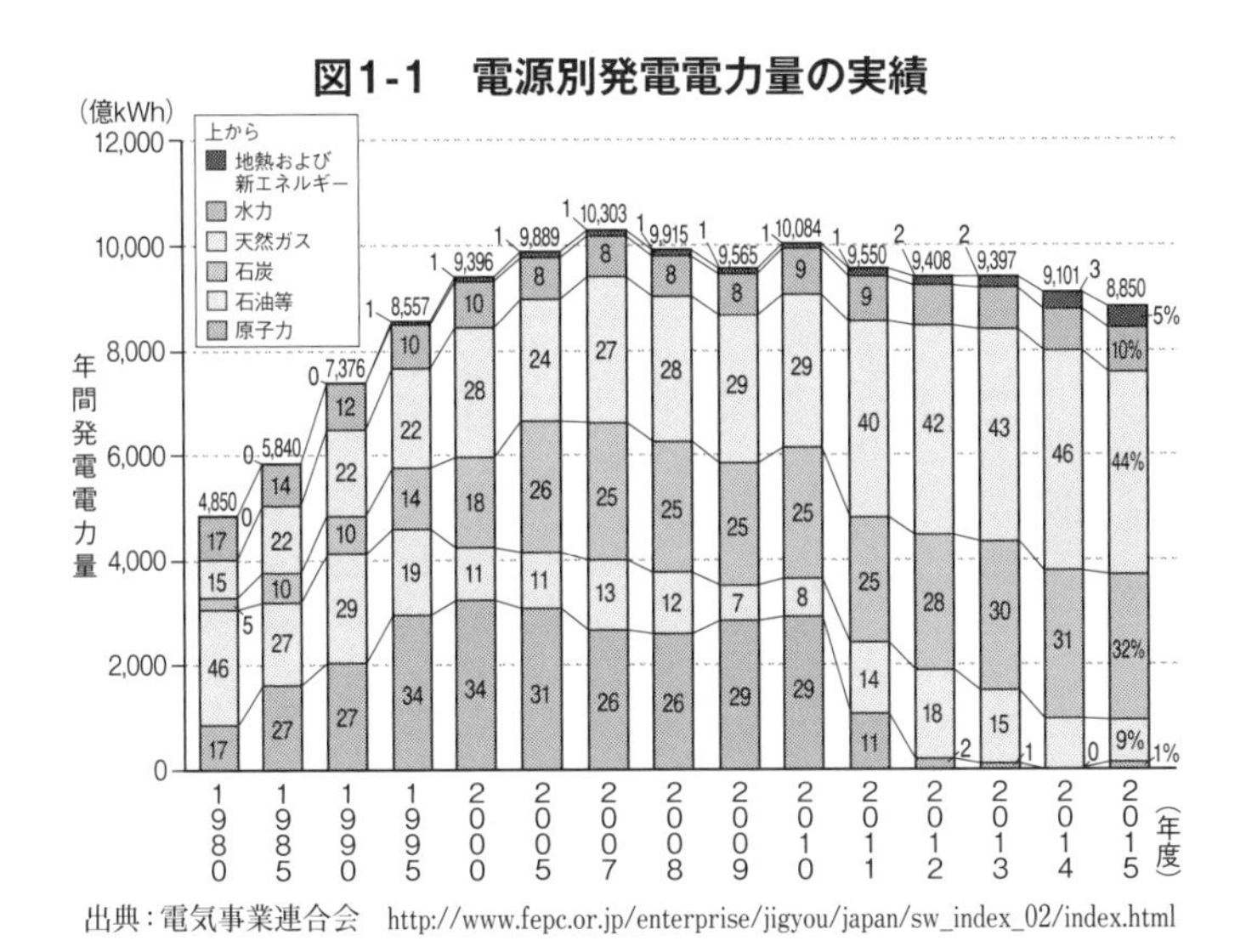

図1-1　電源別発電電力量の実績

出典：電気事業連合会　http://www.fepc.or.jp/enterprise/jigyou/japan/sw_index_02/index.html

ていることは結局、電力料金の上昇につながり、一般消費者の負担増となっています。

他方、大震災以後、火力発電が急増した結果、日本の温室効果ガスの排出量は一気に増え、２０１５年現在13・２億トン（全世界３２４億トンの約４・１％）に達しています（図１－２参照）。世界各国が温暖化防止のため必死になって化石燃料の消費を減らし、CO_2の排出量削減に取り組んでいる中で、日本の現在の状況は明らかに世界の流れに逆行するものです。各国は福島事故後の苦しいエネルギー事情を知っていますので、あからさまな日本批判は口にせず、大目に見てくれていますが、そうした状況がいつまでも続くものではありません。日本は責任ある国際社会の一員として、温暖化防止の義務を果たす努力をしなければなりません。

再生可能エネルギーはクリーンだが安定電源ではない

そこで、どうやって化石燃料の消費を減らすかが大問題です。誰でもすぐ思いつくのは、CO_2を出さないクリーンな、そして再生可能なエネルギーである太陽光や風力発電などを大規模に導入すればよいという考えです。確かに太陽光や風力発電は、いわば等身大の発電方法で、素人でも理解しやすく、とくに太陽光発電は、各家庭でも比較的容易に設置できるという利点があり、非常に魅力的です。現に、大震災後、民主党政権下で、「固定価格買取り制度」（ＦＩＴ）が導入されたので、太陽光発電は急に全国でブームになりました。

しかし、元々太陽光や風力発電は、天候、日照時間や風況などに大きく左右され、電源としての安定性を欠きますので、これに全面的に頼ることはできません。つまり、これらの不安定な再生可能エネルギーをグリッド（電力システム）に取り入れるためには、常に

図1-2　主要国における温室効果ガス総排出量の増減割合の推移（1990年を基準）

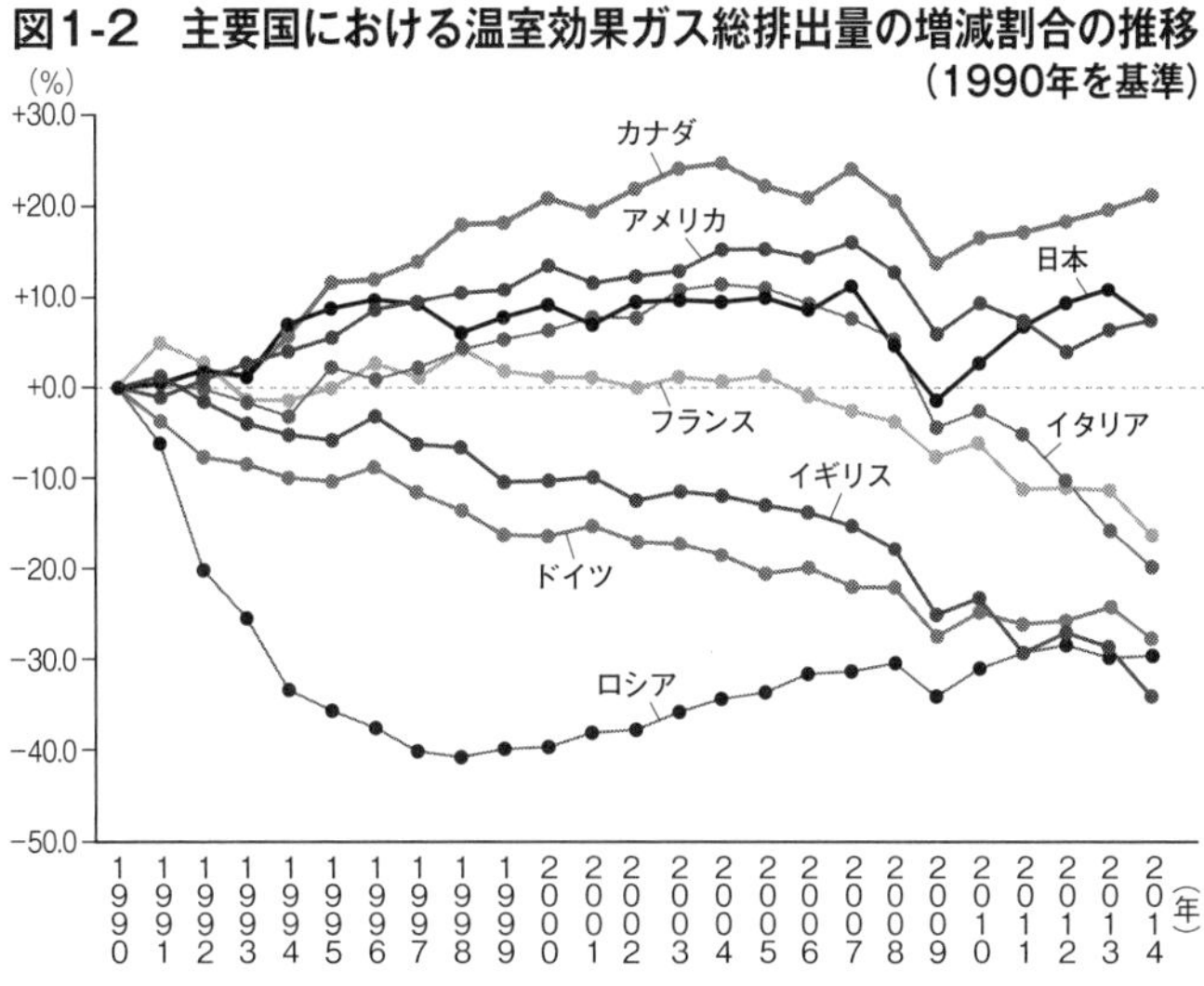

補助（バックアップ）電源をどうしても必要とし、その分だけ余分なコストがかかります（この辺のことは第3章で詳しく説明されています）。

いずれにしても、どんなにクリーンでなじみやすいエネルギーであっても、太陽光や風力には「基幹電源」となるだけの実力がないことは明らかです。昔のことわざに「色男金も力もなかりけり」というのがありますが、その流儀で言えば、再エネは好感を持たれるものの、いかんせん力不足ということになります。

日本の参考になるのはドイツでなくイギリス

そうは言っても、やっぱり原発は危険だから怖い、嫌いだという人もいると思いますが、人間生活には、嫌いだからと言ってそれを避け、自分の好きなものだけを利用して生きていくことは出来ません。例えて言えば、自動車は、一つ運転を間違えれば人を殺す危険な乗り物ですが、便利なので運転しないわけにはいきません。また、いくら身体にいいからと言って、厳格な菜食主義者のように、いつも野菜や果物ばかり食べていては力が出ません。やはり肉や魚のような動物蛋白を十分摂らなければ力が出ませんし、力仕事も満足にできません。

さまざまな食物をバランスよく食べるのが健康体を維持する秘訣ですが、このことは社会や国レベルでも同じことです。このバランスのよい食事に相当するものが、まさにエネルギーの「ベスト・ミックス」と言われるものです。つまり、様々なエネルギー源をその特性に応じて効率よく使うということです。

そして、その「ベスト・ミックス」の中で、常に一定量の電気を昼夜を問わず確実に生み出すものが「ベースロード」と呼ばれる電源ですが、原子力は正にそうした役割を果たす、縁の下の力持ち的な存在なのです。いつも縁の下で頑張っているので日頃人々の目に触れませんし、とっつきにくい感じはあります。確かに、実際に原子力発電所を見学しても、稼働中の原子炉の中を覗くことは出来ませんし、火力発電所のように燃料である石炭や石油（重油）に直に触ったり、においをかいでみることは出来ません。だから原子力に親しみや温かさを感ずることができないのは無理もありません。得体のしれないもの、不可解なものを怖がり、警戒するのは人間の本能ともいえましょう。とくに福島事故のような強烈な記憶があるから、なおさら怖さが先に立つのは当然です。

しかし、世の中にはあまり身近には感じられなくても、日頃縁の下で頑張って、私たちの生活に必要な物やサービスを黙々と、着実に提供してくれるものがあることを忘れてはなりません。そのような頼り甲斐のあるエネルギー源という意味では原子力の右に出るものはありません。だからこそ、福島事故後も、日本以外の主要国では、ドイツなど一部の例外を除き、原発の重要性を認識し、これを伸ばすために懸命な努力をしている国が沢山あるのです。安定電源であるということで、エネルギー安全保障にプラスになり、クリーンであるということで温暖化防止にも資するからです。

ちなみに、日本では、脱原発の先行国として「ドイツを見習え」という意見がありますが、これは端的に言って間違っています。福島事故の直後、ドイツは、メルケル首相の政治的判断で2022年までに原発を全廃すると決めましたが、実際にはまだ約半数の原発が動いており、電力の約15％は原発で賄っています。2022年までに完全に原発ゼロになり、仮にそれを埋めるだけの再生エネルギーが伸びなかったとしても、ドイツには石炭（褐炭）が豊富にあるので、CO2排出を気にしなければ、いくらでも火力発電に頼ることができるのです。

さらに重要なことは、ドイツが他の国々と地続きで、電力網（グリッド）が周辺の国々と完全に繋がっており、随時融通し合える関係があるからです。つまり、ドイツで電気が足りないときは、隣のフランスから原子力で作った電気を自由に買うことができるし、逆にドイツ国内で電気が余ってしまったときはイタリア、オーストリア、オランダ、ベルギーなどに買ってもらうことができます。そうすることで余分な電気がドイツ国内の電力網に流れ込むことによるマイナス要因（最悪の場合は送電、配電が乱れて停電が起こる）を避けられる仕組みになっています。場合によっては隣国に無料で提供することもあります。ですから、島国で孤立する日本とは全く客観的な状況が違うわけで、そのことを無視して「ドイツに見習え」というのは間違っているのです（詳しくは第2、第4章の通り）。

ヨーロッパ諸国の中で日本の参考（反面教師として）になる国を挙げるとすれば、ドイツよりむしろイギリスでしょう。イギリスはかつて世界有数の原発技術大国でしたが、北海油田の発見で１９８０年代以降すっかり原発新設がなくなってしまいました。近年その北海油田の枯渇が始まったため、再び原発に依存せざるをえなくなっています。今原発を新設しなければあと20年以内に既存の原発がゼロになり、イギリスの電力不足が深刻化することが明らかになったからです。しかし、長年原発を国内で建設していなかった結果、技術力が失われてしまったため、現在では自力では建設できず、やむなくフランス、中国、日本に頼んで英国内に原発を建設してもらおうとしています。つまり、「他人の褌(ふんどし)で相撲をとる」ほかないわけです。

最初に建設されるのは英国南西部にあるヒンクリーポイントC原発で、ここにフランスの技術と中国の資本で新型の原子炉（加圧水型軽水炉）を作る計画です。しかし、ゆくゆくは、中国は資本だけでなく技術も提供する、つまり中国製の原子炉を建設するということになっており、そうなると資金も技術も中国に依存することになります。キャメロン前政権は、「背に腹は代えられぬ」ということで対中接近を強め、習近平訪英（２０１５年10月）

地図　英国の主な原発建設予定地

＊東芝子会社が撤退し、韓国企業が引き継ぐ見込み

訪英した習近平夫妻を見送るエリザベス女王夫妻とキャメロン首相、オズボーン蔵相（2015/10/23 Times Cartoon by Peter Brookes）

の際は、エリザベス女王をも巻き込んで、接待にこれ努めました（38ページの漫画参照）。

その光景を目の当たりにして、さすがに英国内では、エネルギーや電力という基幹産業を中国の手に委ねることに、安全保障上の理由で懸念が高まりました。２０１６年6月の国民投票でEU離脱派が勝利し、キャメロン内閣が総辞職したため、急遽政権を担当することになったテリーザ・メイ首相は、当初から中国の協力で原発を建設することに否定的だったと伝えられていました。そこで、首相就任直後に原発建設計画に「ストップ」をかけ、計画の全面的見直しを実施したため、一時は英中関係が緊張しました。

しかし、メイ首相も結局他に妙策がないということで、不安を感じながらも、中国との協力に基づくヒンクリーポイントC計画を、わずかな修正を加えただけで、原案通り承認しました。まさに、苦渋の選択を余儀なくされたわけです。他方中国としては、英国の原発計画で成功すれば、それを売り物にして、ヨーロッパから世界の他の地域に向けて一気に原発商売を拡大する腹と見られます。こうした中国の動きについては、第2章で詳しく見ていきます。

原子力をやるリスクとやらないリスク

ただ、いくら安定電源であるとか、クリーンであるとか、とりわけ日本のような資源小国には必要不可欠なエネルギーであると言われても、やはり原子力は本質的に危険なエネルギーだ、いったん事故が起これば大災害をもたらすし、放射線は怖いし、核廃棄物の処分は難しいし、核燃料は核爆弾製造に転用されるかもしれないし……という疑念や反対論があることは確かです。

私たち自身、長年エネルギーや原子力問題を勉強してきてつくづく思いますのは、確かに原子力というエネルギーは複雑な代物で、冒頭で触れたように、広島・長崎の悲惨な洗礼を受けた日本では、そのトラウマから抜け切れず、人々に素直には受け入れられないものだと思います。しかし、そこを理性の力でなんとか理解し乗り越えなければ、資源小国日本の将来は暗い、この厳しい国際競争の中で生きていくことは出来ないのではないかと思うのです。そこのところをできるだけ分かりやすくご説明しようとするのが、まさに本書の目的です。

もちろん、「原子力は１００％安全だ、福島のような事故は絶対に二度とは起こらない」と言いきれれば話は簡単ですが、そう断言することは誰にもできません。福島事故後全国の原子力発電所ではあのような過酷事故にも耐えられるように安全面での改善措置が取られており（第5章参照）、原子力規制委員会が厳しくチェックしていますので、大丈夫だとは思いますが、絶対に安全だということはできません。そもそも、人間社会に「絶対に」というものはありえないし、「絶対に安全なエネルギー」というものは存在しないからです。

そうした現実の中で、私たちは、常に様々なプラス＝ベネフィット（利益）とマイナス＝リスク（危険性）を考えながら、現実的な判断をしてきました。リスクについては、原子力をやることのリスクと、原子力をやらないことのリスクがあります。前者のリスクはある程度分かりますが、後者のリスクは専門的な知識がないと中々予想できないので、無視または軽視しがちですが、やはり国家、社会レベルで考えた時、原子力をやらなかった場合のリスクもしっかり考えておかねばなりません。誤解を招くことを覚悟して敢えて言えば、ある程度のリスクはあっても、それを相殺するだけのプラスがあると思われるときには、それを実行する理性的な判断力が求められているということだと思います。

コラム

沿岸海底下に最終処分場を作れ　発想の転換が必要

　原子力には解決すべき様々な課題がありますが、当面最大の問題点の一つは、再処理後に出る高レベル放射性廃棄物、いわゆる「核のゴミ」の処分です。小泉純一郎元首相が盛んに「原発ゼロ」を主張している一番の理由もここにあるようです。この「核のゴミ」は、放射能レベルが極めて高いので、ガラス固化体にして、一定期間冷ました後、地下300メートル以深の安定した地層に埋設するのが国の現在の基本方針ですが、その用地の確保が難しく実現の見通しが立っていません。原発がいつまでも「トイレなきマンション」と揶揄される所以です。

　そこでこの際、発想を大転換して、陸地での処分に代えて、沿岸の適地に埋設するのが良いと思います。と言っても、海中や海底への直接処分は、国連海洋法条約や海洋投棄規制条約（いわゆるロンドン条約）等の国際法でも禁止されているので論外。私がかねてから考えているのは、陸地（例えば既存の原発の敷地内か国有地）から海に向かって斜めに坑道を掘り、海底下数百㍍の安定した地層の中に埋設する方式です。

この方式の最大の利点は、用地確保が格段に容易で、漁業にも支障がないこと。今までなぜこの方式が考えられなかったかと言えば、ロンドン条約で放射性廃棄物の海洋投棄が全面的に禁止されているので、その先入観で最初から考慮に入っていなかったためでしょう。

実は、私（金子）は45年前、外交官として、最初の国連人間環境会議（１９７２年ストックホルム）に出席した直後、ロンドン条約作成会議で条文作りに直接関与しました。条約の目的は海洋環境の保全であり、「海洋投棄」の定義は、船で搬送して海に投棄するとか、人工島を造ってそこに投棄する行為を指し、陸地から斜めに坑道を掘って海底下に埋設するのは含めませんでした。

同条約は、その後数回改正されましたが、１９９６年の議定書では「陸上からのみ利用することのできる海底の下の貯蔵所は含まない」（第1条7項）と明記しています。

ヨーロッパでは、例えばスウェーデンやフィンランドの、バルト海に面した原子力発電所でこの方式が実際に採用されており、私も何度か視察しています。米国でも、かなり以前から、原子力や海洋科学の専門家が共同研究を行っており、海底下の方が陸地の地下より地質が安定しているという研究結果が報告されています。ロンドン会議で、米国代表が私に日米共同研究を内々に持ち掛けてきた経緯もあります。

仮に将来日本が原発ゼロに進むとしても、現存の高レベル放射性廃棄物は大量に残ります。その安全な最終処分法を早く見つけることは現世代の責務であると思います。

（金子）

（２０１６年５月20日付読売新聞「論点」欄掲載）

第2章
「原発ゼロ」で国力低下　二流国に転落

2030年に原発のシェアは20～22％に

3・11後の日本国内では、今まで以上に反原発ムードが高まっており、もしこの状況が今後も続くと仮定すると、原発新増設は困難となり、現在運転中（または待機中）の原子炉もいずれ寿命が来て閉鎖されるので、おそらく今後20年以内に日本の原子力発電所は文字通りゼロという事態になりかねません。

政府は、2015年の第4次エネルギー基本計画で、2030年までに再生可能エネルギーの比率を22～24％に、原発の比率を20～22％にするとしていますが、この目標を実現するためには、少なくとも30基の原発が稼働していなければならず、それは決して容易なことではありません（次ページ図2－1参照）。

つまり、この目標を達成するためには、既存の原発の大半を再稼働し、さらに運転開始後40年を経たものについては安全性を再確認した上で運転期間を延長しなければなりませんが、それだけでは足りないので、やはり一定数の原発を新・増設しなければならないということです。

図2-1　2030年度の電源構成

（長期エネルギー需給見通し＝2015年発表）

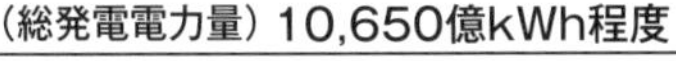

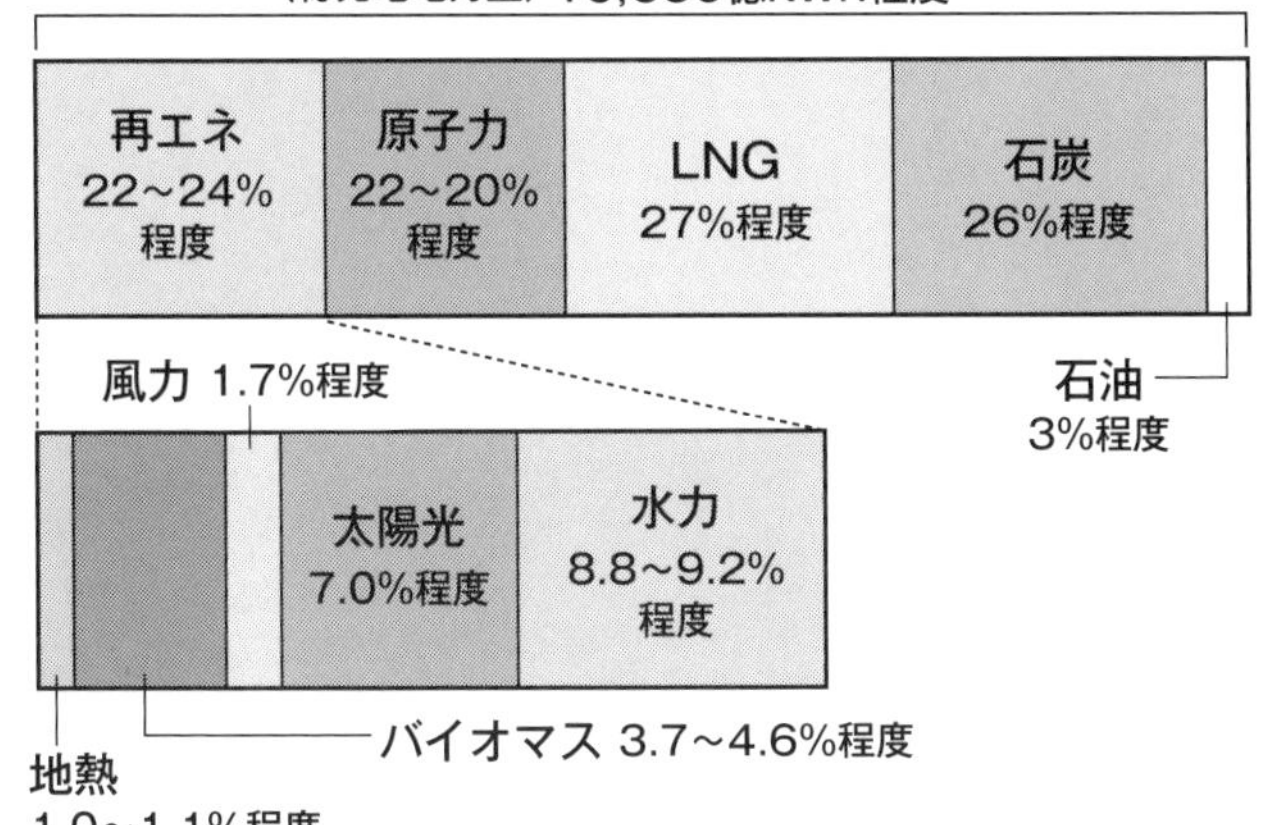

もちろん、２０３０年までに太陽光や風力などの再生可能エネルギーが、科学技術の力で大躍進（ブレークスルー）を遂げて、原発の代役が立派に務まるようになっていれば、あるいは、CO_2を全く排出しないで石炭や天然ガスを燃やせる技術が開発され、実用化されるようになっていれば、それはそれで結構なことですが、残念ながら、予見しうる近い将来、そのようなことが可能になるとは考えられません。

その上、度々指摘したように、石油、石炭、天然ガスなどの化石燃料は有限なので、今後開発途上国が一斉に経済開発を進め、エネルギーや電力を大量に必要とする時代が来ると、化石資源の枯渇という事態がいよいよ現実のものとなります。また、仮にそうならなくても、CO2を大量に排出する化石燃料は、地球温暖化防止の観点から、最も厳しく規制されるため、自由に使えなくなります。

さて、そういう状況になったとき、日本は、これまでのように、巨大な人口を抱え、高度な産業社会を維持していくことができるのでしょうか? 無責任な学者や評論家たちは、日本では高齢化が進み、人口が減少するから、エネルギー消費も減るので心配いらないとか、例えば明治時代か昭和初期のような省エネ生活をすれば再生可能な自然エネルギーだけで十分やっていける、その方が健康的でよいなどと言っていますが、果たして、一度豊かで便利な生活スタイルに慣れてしまった現代人が、昔のような質素な生活ができるでしょうか。高齢化が進み老人が増えると、冷暖房はもとより、様々な電気器具を多用する必要が出てくるので、かえって電力消費が増えるという予測もあります。

再生エネだけに軸足を移すことは危険

いずれにせよ、日本人が平和で豊かな生活を維持していくためには、信頼できる、安定的な電気が欠かせません。この「安定的」というところが最も大事なポイントです。そして、電力の安定的供給を確保するという点で、最も頼りになるのが原発であり、原発による大量の、一定した電力供給が欠かせないのです。これは決して我田引水の議論ではありません。

身の回りの、例えば、家庭で料理をしたり、風呂を沸かしたり、パソコンやテレビを使う程度の電気は、太陽光や風力で何とかなるかもしれませんが、社会全体、国全体の経済・産業活動を維持したり、大都市のオフィスビルの照明、エレベーターやエアコン・冷暖房装置を動かすためには、やはり大量の電気が必要なのです。つまり電力は、人間の血液がそうであるように、個々の家庭だけでなく、社会インフラの隅々まで常に確実に供給されなければなりませんから、安定性ということが極めて大事なのです。クリーンだから、手軽で親しみやすいからという理由で自然エネルギーを好むのは人情ですが、それに国のエネルギー政策の軸足を移すことは危険です。

ちょっと卑近な例えで言えば、手漕ぎボートは一人で気ままに動かせ、快適かもしれませんが、荒海を長距離漕いで行くわけにはいきません。他方大型客船は数千人の乗客を一度に長距離運ぶことができます。あるいは、グライダーと大型旅客機の能力を比較しても同じです。太陽光や風力と原発にはこれ以上の量的な大差があるのです。こうしたことはちょっと立ち止まって考えてみれば、誰でも分かることなのですが、つい見落としてしまっているのではないでしょうか。

ということですから、個人的な好き嫌いにかかわらず、原子力はエネルギー資源小国日本に取っては、かけがえのないエネルギーであり、これを最大限利用することが国にとってベストの選択だと言えましょう。そのことをよりよく理解していただくために、ここでもう一度、戦後の日本のエネルギー政策の歴史、とりわけ40年余り前の「石油危機」とそれに日本がどう対応したか、その中で原子力がどういう役割を果たしたかを駆け足で振り返ってみましょう。

石油危機で味わった無資源国の悲哀

日本が戦後廃墟の中から立ち上がり、四半世紀足らずのうちに世界第2位（現在は中国に抜かれて第3位）の経済大国となり、人々が豊かな生活をエンジョイできるようになった要因の一つは、原発による豊富で安定した電気のお蔭であったことは否定できません。特に日本の高度経済成長が続いていた１９７０年代の初頭、突如石油危機（１９７３～74年）に見舞われ、日本経済がピンチに陥った時、脱石油のエースとして原子力発電が大きく貢献したことを想起する必要があります。

今ではあの当時の苦境を、身をもって体験した人が少なくなりましたが、あのようなピンチが今後再来しないという保証はありませんから、日本人は決して「油断」すべきではないのです。ちなみに、『油断！』という題名の小説は、作家の堺屋太一氏の処女作で、石油危機で崩壊する日本の姿を描いたシミュレーション小説です。当時氏は通商産業省（現在の経済産業省）の若手官僚で、１９７３年に小説の第一稿は書き上げられていたそうですが、現実世界で本物の石油危機が発生したため、不安を助長させないために出版を見送り、石油危機が落ち着いた１９７５年に、第一稿に若干の修正を加えて出版されたと聞きました。

周知のように、この石油危機は、１９７３年10月に突発した第四次中東戦争（イスラエルと周辺のアラブ諸国の戦い）を契機に、中東の産油国が西側の親イスラエル諸国に石油の輸出をストップさせたために起こったものですが、当時石油の９割以上を中東から輸入していた日本は、最も大きな影響を受けた国の一つで、今では想像もできないほどのショックを受けました。

その時ほど日本人が無資源国の悲哀を味わったことはなく、国のエネルギーを石油にだけ頼ることの危険性を思い知らされました。その時以来日本は「エネルギー・セキュリティ（安全保障）」という課題を真剣に考えるようになりましたが、そのような苦しい状況の中で、救いの神のように登場したのが原子力発電だったのです。当時私（金子）自身が雑誌に書いた論文の標題は「石油よ、さよなら！　原子力よ、こんにちわ！」だったことを記憶しています。

二つの異なったタイプのエネルギー危機

繰り返しになりますが、もし怖いから、嫌いだからということで原発をゼロにしてしまったら、日本はどうなるか。想像力を駆使して考えてみる必要があります。もし原発がゼロになり、その他の電源が期待通りに伸びないとすれば、日本は確実にエネルギー・電力不足に陥ります。それは石油危機のようにある日突然起こるものというより、時間をかけてじわじわと忍び寄ってきて、気が付いた時には手遅れというようなタイプの危機です。人間の病気に例えれば、第一の危機は突発性の心臓麻痺や脳卒中のようなもの。これに対して第二の危機は、徐々に進行してきた癌のようなもので、最初は気が付きませんが、気づいた時はもはや手の施しようがないタイプの病気になぞらえられるでしょう。原発をゼロにすることにより起こりうる危機は、まさにこのタイプです。

このようなエネルギー危機に襲われると、人体に必要な健康な血液が不足するように、日本経済は栄養失調に陥り、基礎体力が徐々に低下して、その結果、様々な病気や障害に見舞われるのは避けられません。経済活動が活力を失い、国力が衰えれば、日本の国際的地位も低下しかねないのです。当然、自分の国を守る力も低下しますが、そうなったときに、日本はこの問題の多い東アジアにおいて、各国に伍して、しっかり平和と繁栄を維持していけるでしょうか。日米同盟の下、米国の軍事力に頼って国の安全保障を守ればいいという他力本願的な意見もあるかも知れませんが、国力が衰え、パートナーとして十分な防衛協力が出来なくなったような国に、米国が魅力を感じるはずがなく、自身へのリスクを覚悟してまで日本を守ろうという気が起きなくなっても不思議ではありません。

そうなれば日本は国際的に孤立して、二流国、三流国に転落し、惨めな生活を余儀なくされ、極端にいえば、座して死を待つ以外にないことになるでしょう。そうなると独立自尊の看板を下ろし、どこかの国の属国か植民地として生きて行かざるを得ないかもしれません。現在の日本人は過去70年間、平和で自由な生活に慣れてしまったため、このような危機感を持つことも忘れてしまったような状態ですが、このことに日本人は早く気付くべきです。つまり、エネルギー安全保障は国家安全保障とイコールだということを、です。

エネルギー安全保障は国家安全保障に直結

150年前の明治維新で開国した日本は、殖産興業・富国強兵政策を掲げ、挙国一致、奮闘努力した結果、20世紀の初頭にはついに、世界の列強の一角としての地位を築き、アジアにおいては唯一の先進国として、あたかも無人の野を行くように発展し続けました。その過程で、国内資源だけでは足りなくなり、遠く朝鮮半島から中国東北部（旧満州）や東南アジア（特にインドネシア、マレーシアなど）にまでエネルギー資源を求めて進出し、ついに米欧列強と軍事衝突を引き起こしました。

戦後は一転、海外領土をすべて失った日本は国内中心の経済活動に専念して、立派に復興を成し遂げました。しかし、日本が憲法9条（戦争放棄）の下、「軽武装・通商国家」の道を邁進している間に、中國や韓国など隣国が着実に力をつけ、かつて植民地であった東南アジア諸国も独立し、それぞれ経済発展を追求してフル回転しているので、今や日本がかつてのようにアジアで唯我独尊の態度をとるわけにはいきません。各国とも必死に国力を増強し、国際競争で後れを取らないように頑張っているのです。

このような日本を取り巻く国際情勢の劇的な変化は、今さら指摘するまでもないことですが、私たち日本人にはとかく国内状況にだけ目を向け、客観的な国際状況の変化を等閑視する傾向があるのではないかと思います。その意味で、私たちは今こそ立ち止まって、原発がゼロになり、国力が低下した時の日本の姿を冷静に想像してみるべきではないでしょうか。

東アジアにおける原発開発状況

ここで、日本を取り巻く世界各国、とりわけ東アジア諸国におけるエネルギー状況や原子力開発状況を駆け足で見てみましょう。

まず一番身近な韓国から。日本と同じく天然資源に恵まれない韓国は、日本より20年近く遅れて原子力開発に着手しましたが、いまや世界有数の原発大国になりつつあります。福島事故後一時停滞していたものの、その後順調に伸びてきており、原発の割合は既に40％に達しています。つまり福島事故以前の日本の約30％を上回っています。

独自の原発技術もかなり高いレベルに達しており、近年特に原発の海外輸出に力を入れていることが注目されます。現在中東のアラブ首長国連邦（ＵＡＥ）では韓国製の原子炉が4基建設中で、数年以内に完成し、運転開始となる予定です。このために大勢の韓国人専門家、技術者が現地に乗り込んで指導に当たっていますが、早くもＵＡＥでの実績を引っ提げて、他の国々への輸出機会を狙って活発に動いています。

ただ、２０１７年6月に就任した文在寅大統領は原発に消極的とみられ、就任早々、釜山の近くにある韓国最古の古里原発の閉鎖を決定し、新増設についても否定的な考えを述べました。このため、韓国内で賛否両論が巻き起こっており、文大統領自身の考えも揺らいでいるようです（ちなみに日本は、福島事故の僅か4か月前に初めてベトナムへの「日の丸原発」輸出に合意したのですが、事故後、日本側が腰砕けとなり、その上肝心の東芝が原発海外業務からの撤退を余儀なくされたので、今やこの面で韓国に大きく水をあけられた形になっています。なお、日本の対東南アジア原発輸出問題については67ページのコラム参照）。

韓国以上に注目すべきは中国です。国が大きく、人口も世界一なので当然ながら電力需要は大きく、火力、水力、再生エネなどあらゆるエネルギーをフルに活用する政策をとっていますが、とりわけ重視しているのは原子力発電です。目下（２０１７年５月現在）国内では運転中36基、建設中21基、計画中41基という壮大な規模で、現在世界で建設中の原子炉の大部分が中国に集中している感じです。

日本がもたついている高速増殖炉の研究開発分野でも、中国は世界の最先端に躍り出ようとしています。原発の燃料になるウラン資源開発の分野でも、

図2-2　世界で建設中の原子力発電所(2015年11月現在)

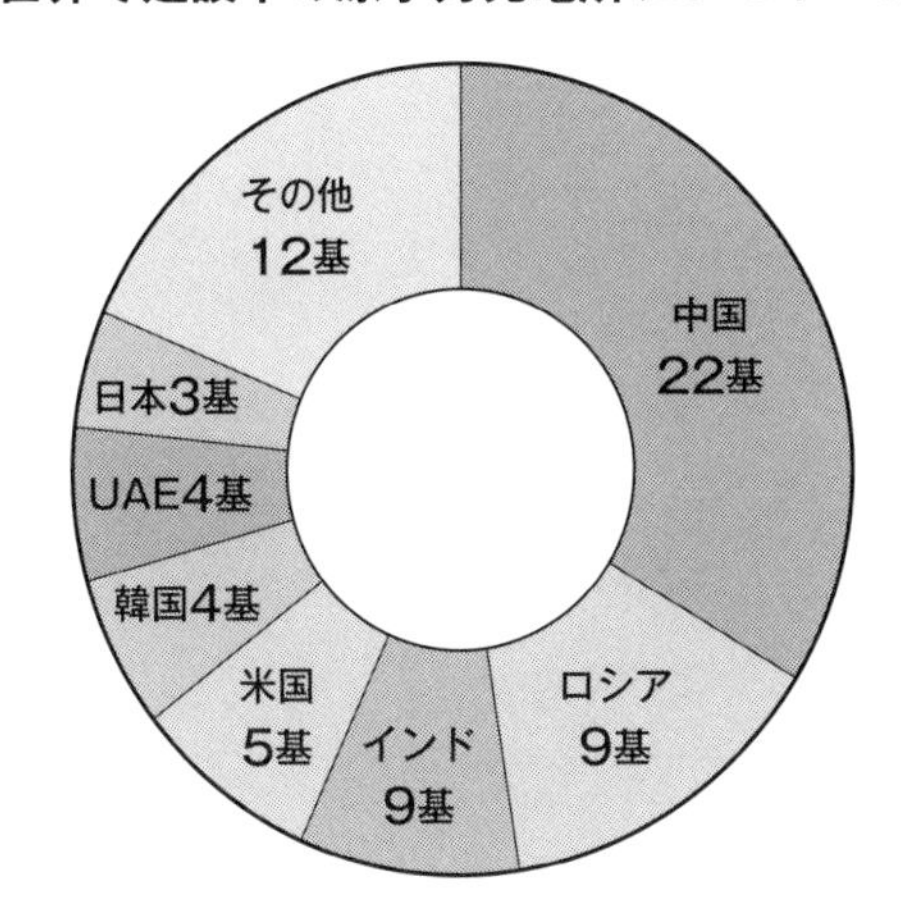

出典：World Nuclear Power Reactors & Uranium

アフリカ奥地にまで手を伸ばして利権確保に奔走しています。元々核兵器国として、原子力の軍事利用（核兵器製造）を長年続けており、そこで築いた技術のベースがあるので、平和利用（原子力発電）でも進歩が速いのです。

急ピッチで拡大する中国の原発輸出

中国は原発輸出にも最大限注力しています。すでに中国製の原子炉（30万キロワット加圧水型軽水炉）2基が稼働している友好国パキスタンを別としても、このところヨーロッパ、アジア、アフリカ、南米などへの原発輸出に躍起になっています。特にヨーロッパでは、原発ルネサンス気運が盛り上がっているイギリスで、フランスとの提携により、原発建設に取り掛かっています。

英国では2016年夏の政権交代直後、テリーザ・メイ内閣が、中国との原子力協力には安全保障上の理由で問題ありとして、前政権時代の契約の見直しを断行しましたが、その後契約を一部修正した形で、正式承認に踏み切りました。当面中国は資本参加の形に留まり、フランスの技術がメインですが、ゆくゆくは中国の資金と中国の技術で中国製の原発を英国で建設するという方向で話が進んでいます（詳細は第1章で述べた通り）。早晩中国は、世界の原子力市場でフランス、ロシア、日本、韓国などと覇を争うでしょう。

中国は日本の原子力状況をどう見ているか

そのような中国から見て、福島事故後、原発が停滞し、「原発ゼロ」が囁かれ、苦吟している現在の日本はどのように見えているのでしょうか。

中国はかねてから日本の原子力開発に強い関心を持ち、日中原子力平和利用協定（１９８５年）を締結し、日本からの原発技術協力を求めていました。しかし最近では、中国はフランスなどとの原子力協力による国産技術開発を進め、日本との原子力協力に対する関心は薄れ、むしろ日本に貯まった使用済燃料のプルトニウムに懸念を持ち始めています。それは、日本によるプルトニウムの軍事利用の危険性を恐れているからです。

核兵器不拡散条約（ＮＰＴ）で、米露英仏と並んで「核兵器国」の地位を認められ、実際に米露に次ぐ第3位の核兵器大国であるにもかかわらず、中国は昔から日本の軍国主義の復活を恐れ、とくに日本の核兵器国化を極度に警戒しています。

その証拠は色々ありますが、中国はとくに日本の再処理やプルトニウム利用計画に神経をとがらせています。周知のように、日本は、原発の使用済燃料を再処理して生成されたプルトニウムを48トン（2016年末現在）抱えていますが、中国は、このことに強い疑念を持っていて、折あるごとに、これは「潜在的核抑止力」であり、日本はいずれ将来核武装するに違いないとみているのです。見ているだけではなく、そのような趣旨のことを様々な国際会議などで発言して、世界の注意を殊さら喚起しています。

例えば2016年春、オバマ前大統領が議長を務め、ワシントンで開催された「核セキュリティ・サミット」（核テロ対策会議）でも、当時茨城県東海村の日本原子力研究開発機構の「臨界実験装置」（FCA）で使われていたプルトニウム331キログラムの米国への移送が計画より遅れているとして、激しく日本を非難しました。

日本が軍事転用のような考えを毛頭持っておらず、移送の遅れは単に技術的な理由によるものであるのに、執拗に非難を繰り返したのです。この問題は、結局日本が同年夏までに計画通り米国への移送を完了したので一件落着となりましたが、将来似たような難癖をつけてくる可能性は十分あります。

ちなみに、中国に知恵をつけられたせいか、北朝鮮も、自分のことは棚に上げて、日本の原子力活動への批判を繰り返しています。

日本のプルトニウム貯蔵を特に警戒

ついでに、上記のように日本が分離プルトニウムを48トン保有しているという問題については、後の章で詳しく説明しますが、48トンのうち４分の３以上はイギリスとフランスで委託再処理され、そのまま現在も両国で保管されているものです。両国は核兵器国であり、厳重に管理されていますから、何も問題はないはずです。

日本国内に保管されている約11トンについても、プルトニウム単体ではなく、ウランと混ぜた混合酸化物（ＭＯＸ）として保管されているので、直ちに核兵器製造に転用できるわけではありません。

さらに、現在青森県六ケ所村で建設中の再処理工場が操業を開始すれば、年間８トン程度のプルトニウムが生産されるはずですが、3・11前までは全国の16～18基の原子炉で燃やす計画（プルサーマル）に基づき、実際4基で燃焼が開始されていました。福島事故後、その計画は停滞していますが、再開後の原発での使用需要に備えて厳重に管理されています。しかも、これらのプルトニウムはすべて、国際原子力機関（IAEA）の厳重な査察の下に置かれているので、疑いを持たれる筋合いのものではありません。それにもかかわらず、中国などが、こうした日本の状況について常に厳しい疑いの目で見ていることは留意しておくべきです。日本としても、中国や韓国からだけでなく、諸外国から「痛くない腹」を探られないように慎重に対処しなければなりません。

さて、このように日本の再軍備、核武装を恐れる中国が、現在の日本で、原発再稼働が遅々として進まず、原発新設、新型炉の研究開発もほぼストップし、長年かけて培ってきた原子力技術が失われつつある現状をどう見ているか、です。当面、原発輸出面で日本という強力なライバルがいなくなるわけですから、中国が有利になるとみているのは明らかです。すでに日本が長年かけて面倒を見てきた東南アジア諸国の原子力研究開発活動が、中国の影響下に入りつつあることは確実で、早かれ遅かれ中国がアジアにおける原子力市場を独占するだろうという予測もあります。

日本の「原発ゼロ」による国力低下を一番喜ぶのはどの国か

それはそれとして、中国のホンネとしては、日本が脱原発により国力を低下させ、国際政治の場での発言力を失い、国際経済競争でも影響力を失っていけば、それだけ中国のプラスになるとみているのは疑いありません。中国が自ら手を下さずとも、日本が自分でコケて、国力を失うのですから、こんな都合の良いことはありません。

さらに、原発ゼロで、日本が再処理事業からも撤退すれば、日本の核兵器国化、軍事大国化を恐れる必要もなくなり（日本自身は原子力平和利用に徹しており、最初から軍事利用の考えは全くありませんが）、中国としては対日優位を決定的に出来ます。勿論、その場合、自前の核武装の道を自ら放棄している日本は、日米同盟とそれに基づく「核の傘」に依存する政策を堅持せざるをえませんが、そのこと自体が中国の安全を脅かすことにはならないはずです。

ちなみに、トランプ大統領は２０１６年３月、まだ共和党の大統領候補として指名を獲得する前、ニューヨーク・タイムズとのインタビューで、「日韓は米国の軍事力に〝タダ乗り〟せずに自己防衛能力を高めるべきだ。そのためには、日韓の核武装を容認しても良いのではないか」という趣旨の発言をして物議を醸したことがあります。あれはトランプ氏のあの当時の個人的な意見であって、米国政府の公式見解ではなく、彼自身もその後あの発言を繰り返すことはありません。韓国はいざ知らず、日本は自らの意思で「非核三原則」を国是とし、その証として核兵器不拡散条約NPTに加盟しており、他方で米国の「核の傘」に依存して自らの安全保障を確保する政策を堅持しているのですから、日本の核武装を疑われるのは心外です。

ただし、これはあくまでも日本自身の判断によるものであって、中国の思惑とは関係ありません。唯一の被爆国である日本が原子力の軍事利用の道を放棄し、厳に平和目的に限って続けてきたのは、もっぱらエネルギー安全保障上の必要からであって、しかも、国際原子力機関による査察（保障措置）を最も誠実に受け入れた上で平和利用を行っているのですから、中国に限らずどの国からもとやかく言われる筋合いはありません。この点は第8章でさらに詳しく論ずるつもりです。

中国や韓国との関係でもう一つ重要な問題点は、これらの国々で原発建設ラッシュが続いていること自体は地球温暖化防止のためにも歓迎すべきことですが、原発安全対策が十分かどうかということです。

仮に日本国内で原発がゼロになっても、中韓両国に多数の原子力発電所があり、しかもそれらが十分安全に運転されていない場合に、もし重大な事故が発生すれば、放射線被害は直接的に、あるいは間接的に日本にも及ぶかもしれません（実際には、福島事故の例から見ても、５００～１０００キロ以上離れた日本列島への直接的な影響はほとんどないと思われます）。仮にそうなった場合に、脱原発の結果、日本国内に原子力の専門家も技術者もいなくなっていると、十分な対応が出来なくなります。

もちろん日本人の専門家、技術者を両国に派遣して協力活動を行うこともできません。ということは、日本国内だけで原発をゼロにしてもダメだというだけでなく、かえって原発事故の被害を大きくすることにもなりかねません。こうした視点から見ても、折角半世紀以上の年月をかけて培ってきた、日本の世界有数のレベルの技術や知見を維持することの利点も決して忘れるべきではないと思います。

さらに言えば、核拡散防止問題に日本ほど熱心ではないと考えられる中国や韓国だけが中心になって、将来、アジア諸国の原子力活動が進むことは、日本の安全保障だけでなくアジア全体の安全保障にもマイナスだということを考えておく必要があります。福島事故の直後から、米国の識者や知日派――R・アーミテージ元国務副長官、J・ナイ・ハーバード大学教授、J・ハムレ安全保障国際問題研究センター（CSIS）所長等――が盛んに日本国内の性急な脱原発論に警鐘を鳴らしたのは、日本の国力低下への懸念だけでなく、こういう核拡散防止や国際政治上の理由からだったと思います。

被爆国として、さらに福島事故の経験者として、安全で平和的な（軍事利用の恐れのない）原子力が世界的に行われるようにしっかり目を光らせ、できるだけの貢献をするということも日本の重要な責務であり、そのためにも、最悪の場合でも一定レベルの原子力を日本国内で維持していく必要があると思います。

コラム

原発輸出はいばらの道

東芝問題を持ち出すまでもなく、近年日本の原発メーカーはかつてない苦境に喘いでいます。国内の行き詰まりを打開するため原発輸出に活路を見出そうとしていますが、それも茨の道です。

２０１０年秋、宿願のベトナムへの原発輸出が政府間で決まり、歓喜したのも束の間。僅か４か月後の福島事故で一気に暗転し、ついに２０１６年暮、ベトナム政府が原発建設計画の白紙化を決定してしまいました。同国への原発輸出に長年関わって来た筆者としても残念としか言いようがありません。この機会に改めて原発輸出、とりわけ東南アジア諸国への輸出の挫折の系譜を駆け足で辿ってみましょう。

最初はタイで、１９７０年代前半に原発建設を計画しましたが、タイ湾で油田が発見されると原発への関心は急速に薄れてしまいました（最近また関心を持ち始めている模様）。

次は70年代前半のフィリピン。当時全盛期のマルコス大統領がバターン半島の突端にウェスチングハウス（ＷＨ）製の原発を「ターンキー方式」で建設しましたが、途中でスリーマイル島原発事故（１９７９年）が突発し、米国の安全基準が急に厳しくなったため、ＷＨとの再交渉の結果、建設費が一挙に2倍近くに膨らみ、その金策に絡むスキャンダルでマルコスが失脚。せっかく80％近く完成していたバターン原発はあっけなく頓挫。当時外務省の初代原子力課長だった筆者は、フィリピンの原子力委員長にせがまれて運転要員の訓練計画など随分面倒を見ましたが、すべて空振りに終わりました。

次はスハルト政権時代のインドネシアで、フィリピンを反面教師にして、80年代の初め、まず自国に多目的研究炉を建設し、技術者の養成を図りつつ、ジャワ島中部のムリヤに原発建設を決定。日本の関西電力系の会社をコンサルタントにして、国際入札を繰り返しました。当時科学技術大臣だったハビビ氏は、ドイツ留学時代にアーヘン工科大学で原子力を専攻した秀才で、原発建設が生涯の夢でした。

しかし、スハルト引退で後継大統領に就任した直後、アジア通貨危機（１９９７年）の横波を食らってあっという間に失脚。同時にムリヤ計画も頓挫。当時ジャカルタを訪問した筆者に対し「日本は原発輸出の前に反原発運動を輸出するのか」と冗談まじりに非難しました。日本から反原発アクティビストが大挙して現地に乗り込み「ムリヤ計画は無理や！」という看板を掲げて反対運動を煽ったからです。

そして最後に、４番バッターと期待されて登場したのがベトナム。この国は、筆者にとって、ベトナム戦争中戦乱に巻き込まれて一命を落としかけた因縁の国であり、是非「東南アジアで最初に原発導入に成功した国」になってもらいたいと、30年余りにわたって公私両面で一生懸命応援してきました。その甲斐あって２０１０年秋、日越首脳会談（日本側は菅直人首相）で日本からの輸入が合意されました。実は、その翌日から約10日間、筆者は同志10名とともに訪越し、中部ベトナムのニントゥアン省の原発サイトなどを視察。各地で大歓迎を受けました。

ところが、その直後の福島事故で日本側の最大の推進者であった東電が脱落。炉型も決められないまま無為に時間をロスしている間に、ベトナム側で、「初期投資が大きすぎる原発は財政的に無理だ」という意見が国会で大勢となり、ついに２０１６年末、原発導入の最大の牽引車だったズン首相の失脚とともに、ニントゥアン計画はあえなく白紙化してしまったという次第です。

ベトナムに限らず、これら東南アジアの国々は――産油国であるインドネシアを除き――エネルギー資源に恵まれず、エネルギー需給が逼迫しており、今後の経済発展と市民生活のためには原発が必要という点で共通しています。日本からの原発輸入への期待が大きいという点でもそうです。

しかし、その一方、インターネットによる海外情報の普及で、これらの国々でも、反原発情報やプロパガンダが氾濫しているため、客観的状況は益々厳しくなっています。強力な指導者が健在なうちはいいが、失脚するとそれで終わりというケースが多いわけです。今さらながら原発輸出の難しさを痛感せざるをえません。

（金子）

第3章

化石燃料と再生可能エネルギーの限界

化石燃料はなぜ行き詰まるのか？

現在の社会や生活は、エネルギーの供給によって支えられています。現代人は古代の人に比べて１人当たり１１５倍ものエネルギーを使っていると言われます。つまり１１５人の奴隷にかしずかれているのと同じ暮らしをしているといってもよいでしょう。とても贅沢ですが、それは現代人がエネルギーを賢く利用しているから可能になっているのです。

エネルギー源には化石燃料（石油・ガス・石炭）、再生可能エネルギー（太陽光・風力・水力・バイオマス・地熱など）、そして原子力があります。いずれも大量のエネルギーを供給できるという共通点がありますが、実は世界のエネルギー供給の81％を化石燃料が占めているのです。ダントツと言えるでしょう。しかし化石燃料の起源は太古の動植物にあったのですから、どうしてもその資源量には限りが出てくるのです。

再生可能エネルギーのこれまでの主力は、薪や動物の糞などを使って炊事や暖房を行う熱利用が主体で、世界では今でも40億人近い人々がそのようなバイオマスを主なエネルギー源として使っていると言われています。

これからの主力は太陽光と風力を用いた電気の利用になることでしょう。しかし現在の世界の発電量に占める太陽光・風力の割合は３％にも達していません。太陽光・風力は変動が大きく、いつもあるとは限らないため、火力発電などの他の電源によるバックアップが必要になり、どうしてもその導入には限界が出てくるのです。これについては後ほど詳しく説明します。

人々の目に映りにくいエネルギー源として、核反応から得られるエネルギーがあります。ウランなどの核分裂反応を利用するのが原子力発電です。未来の技術としては核融合反応を利用する原子力発電も考えられます。太陽と同じエネルギー源を地球上に持って来ようというものです。

核エネルギーの一番の特徴は、その膨大なエネルギー量です。例えば火力発電に比べて原子力発電は同じ重さの燃料を使って１００万倍のエネルギーを得ることができます。もちろんその分だけ安全性に気を付け、廃棄物の処分にも気を付ける必要があるのです。原子力発電は現在世界の発電量の13％を供給しています。

石油やガスを探す技術の進歩によって、世界では多くの油田やガス田が発見されました。しかし発見のピークは石油が１９６０年代初め、ガスが１９７０年代半ばで、その後はいずれも発見量が減ってきています。なぜなら大きな油田やガス田が最初に見つかり、目ぼしいものがだんだんと減って行くからです。

リンゴの木があった場合、人は採りやすい下の枝の方からリンゴを採るでしょう。最後に残るのは一番上の枝のリンゴでよじ登る努力をしなければ手に入れることができません。同じように、人は地表に近い、できるだけ大きな油田から採掘を始めました。今では深い海の底からさらに何千メートルも深いところまで井戸を掘るという努力を始めています。

国際エネルギー機関（ＩＥＡ）が毎年「世界エネルギー見通し」というレポートを出しています。最新版で見ると、現在採掘が行われている油田からの生産量は２０４０年には3分の１になると予想しています。これから開発される油田や、これから発見される油田からの生産で補っていく必要があると述べられていますが、今後は段々と規模の小さな、質の劣る油田から生産することになりますので、生産量が期待通りに得られるとは限りません。

「むかし石油の埋蔵量は50年と言われていたが、今でも50年で変わりはない」とおっしゃる方もいます。それは数字だけのことで中味を考えていません。質の悪い資源を勘定に入れれば埋蔵量は増やしていくことができます。しかし問題は、質の悪い資源は一番上の枝のリンゴのように採掘するのに手間と時間を要します。それだけコストも多く掛かるので、今までと同じペースで生産を行うことができません。つまり化石燃料資源については枯渇が直接の問題なのではなく、生産が減少していくことが問題なのです。

質の悪い資源の例としては、米国で今ブームとなっているシェールオイル、シェールガスがあります。カナダやベネズエラの、オイルサンドと呼ばれるコールタールのような超重質油もあります。このような資源は「非在来型資源」と呼ばれており、詳しくは次節で説明します。深海の油田や北極海の油田なども、タイプは在来型ですが、採掘の難しさは非在来型に近いものと言えるでしょう。

「在来型資源」と「非在来型資源」の違いは？

ひとことで言って「在来型資源」は、地上からボーリング孔を打つと地下の高い圧力によって石油やガスが自然に吹き出てきます。「自噴」と呼ばれる現象です。在来型の石油やガスは、気体や液体の流れやすい、目の粗い砂岩や石灰岩と呼ばれる地層の中に溜まっています。ボーリング孔が掘られると、石油やガスは自然にボーリング孔の方向に流れていき、地表に噴出するのです。したがって在来型資源は楽に生産できる資源（油田やガス田）と言えます。

一方「非在来型資源」ではボーリング孔を打っても一向に吹き上がってきません。例えばシェールオイルの場合には、シェール（頁岩）と呼ばれる緻密な粒子の、固い岩石の中に石油が閉じ込められていますので、なかなか流れてこないのです。ちなみに砂岩などに比べて頁岩では液体や気体の流れやすさが1万分の1から100万分の1しかありません。本当に厄介な相手なのです。どうやって回収するかというと、人工的に岩石に割れ目を作って、流れやすくしてから回収するのです。大量の水を超高圧にしてボーリング孔（生産井）を通じて地下に押し込み、周囲の岩石に割れ目を作ります。しかし人工的な割れ目だけに直ぐ閉じようとする力が働きます。生産井から生産される石油やガスの量は急激に減少して行きます。次から次へと生産井を掘って行く必要があるのです。

「シェール資源」はこのように、多くの手間と時間とコストを掛けて石油やガスを回収することになり、次から次へと沢山の井戸を掘らなければ生産量を維持することができません。経済的な回収には、石油やガスなどの炭素分を多く含み、自然に生じた微細な割れ目が既に存在しているような、恵まれた地層が必要なのですが、そのような恵まれた地域は限られています。シェール資源の場合には、地下にいくら資源量があっても経済的に回収できる石油やガスはその10分の１程度というように限られてきます。このように「非在来型資源」に「在来型資源」の代わりを務めさせることは望めないのです。

いつ、化石燃料の生産減少が問題になるか？

先ほどの国際エネルギー機関（ＩＥＡ）レポートは、23年先の２０４０年には、既存の油田からの生産量が３分の１に減るため、これから開発される油田とこれから発見される油田でその分を補うという将来図を描いています。しかし思い通りに油田が開発されたり、発見されたりするでしょうか？

これから開発される油田の多くは、深海の底からさらに何千メートルも掘り下げるものになります。発見される油田の規模はますます小さなものになり、生産量は少なくなります。近年では探査や開発の対象となる候補地が少なくなってきているため、メジャーオイルと呼ばれる大きな石油会社も、探鉱開発に投資する金額をだんだん少なくしています。候補地の減少は将来の新しい油田の発見や開発が思うように進まない可能性があることを示しています。

現在、私たちは人類史上最も化石燃料に恵まれた時代を過ごしていると言えるでしょう。ピークオイル（石油の生産がピーク）と呼ばれる時代ですが、実は２００5年ごろから在来型資源からの石油生産は高原状態にあるのです。このようなピークの時代に住むとき、人々はその贅沢さに気が付きません。石油やガスがあって当たり前のことと思うのです。しかし高原はいつまでも続くとは限りません。いつ下り始めても不思議ではないのです。早ければ２０１０年代の終わり、遅くとも２０２０年代には下り坂の現象を目にすることでしょう。

シェールオイルがあるではないかと思われる方がいるかもしれません。しかし世界でシェールオイルを生産できているのは米国だけと言ってもいいのです。米国のシェール（頁岩）層は地殻変動の少ない恵まれた地層で、道路や、パイプラインなどの生産・輸送インフラが整い、採掘技術、資金などのすべてが整った環境にあります。その米国のシェールオイル生産も２０２０年代半ばにはピークを迎える予想を、国際エネルギー機関（ＩＥＡ）は立てています。在来型・非在来型を合わせても、ピークオイルが２０２０年代には来るという覚悟が必要なゆえんです。

石油はあらゆる産業に使われています。自動車や船、飛行機などの輸送手段もほとんどが石油で動いています。この万能の石油の生産が減り始めたら、先進国も新興国も、そしてこれから発展して行く開発途上国も大きなショックを感じることでしょう。第3次オイルショックともいうべき石油生産減退の始まりは、このように意外に間近に迫っているとも言えるのです。

ちなみにオーストラリア政府機関が２０１０年、世界の油田のデータを網羅してコンピューターによるシミュレーションを行い、将来の生産量を予測したグラフが次ページの図３－１です。この通りになるとは限りませんが、ざっくりと将来の絵を描いているとは言えるでしょう。２０５０年には生産量が半分近くになり、２１００年には15％程度になる可能性があるのです。このように石油は、生産減退が問題なのです。

天然ガスはどうでしょうか？　先に説明したように、ガスの発見ピークは石油の発見ピークに比べて15年ほど遅れていました。したがって生産ピークも15年ほど遅れると見るのが適切と思われます。ガスは輸送するときにパイプラインを使うか、あるいはマイナス１６２℃という超低温にして液化（ＬＮＧ）して輸送する他に方法がありません。

図3-1　世界の石油生産長期見通し

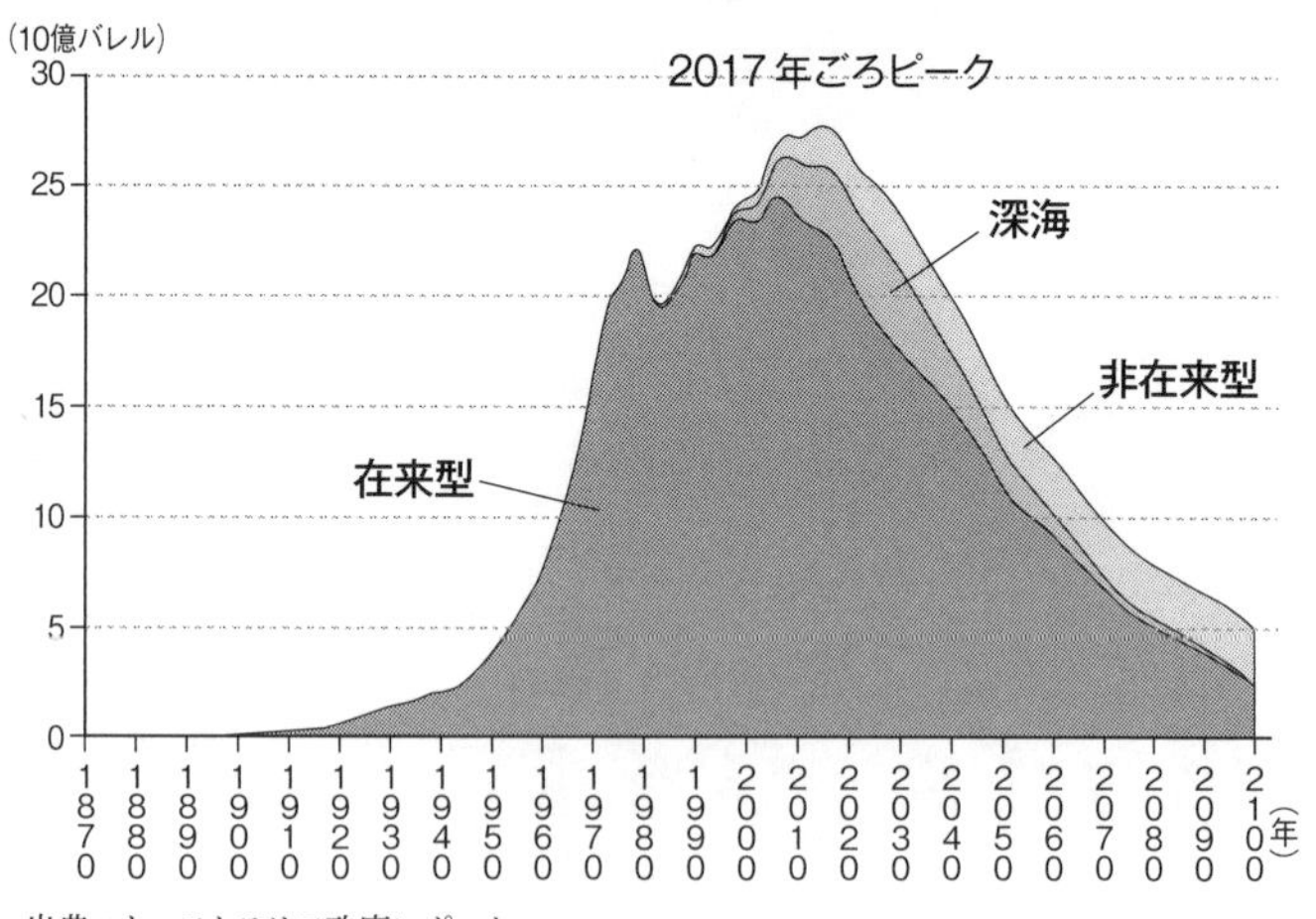

出典：オーストラリア政府レポート

ガスの用途も、発電用か蒸気製造、暖房、炊事などの熱利用に限られているため、石油の用途すべてを代替することはできません。

石炭は資源的には沢山あるのですが、やはり炭層の深さが深くなるとか、品質の悪いものが残っていくなど資源の劣化が進みます。結果として生産量にも限りが出てくるのです。現在は中国が生産・消費の両面で世界の半分程度を占めていますが、国内資源の劣化とＰＭ２・５などの大気汚染の問題もあって、中国でも生産を制限する動きが出ています。

中国の石炭は早ければ２０１０年代中に、遅くとも２０２０年代半ばには生産ピークが来るであろうと予想されています。それは世界の石炭ピークとも言えるものです。資源の枯渇はないのですが、やはり生産減少という同じ問題があるのです。

しかし、原油価格は下がっているはずでは？

２０１４年半ばから、原油の市場価格は１バレル１００ドルを上回る価格から、一気に30ドルを割る水準まで下がり、２０１７年の今も低迷しています。同じようなことが２００８年のリーマンショックに伴う世界不況の後でも発生し、３年間ほど続きました。

昔と違って、原油価格を決めるのはＯＰＥＣでもなく、メジャーオイルでもなく、国際原油市場になっています。市場価格は需要と供給で決まりますので、わずかな供給量と需要量の差が大きな価格変動をもたらします。世界の原油生産量は７５００万バレル／日程度ですが、今回の価格低下はわずかその２〜３％に過ぎない１５０万〜２００万バレル／日の供給過剰から生じているのです。

一番大きな要因は、おそらく米国の非在来型資源であるシェールオイルの増産によるものでしょう。しかしサウジアラビアも、ロシアも、そしてＯＰＥＣ諸国も、いくら価格が下がっても減産しようとはしませんでした。自国の販売シェアを増やし、収入を少しでも確保するためにむしろ増産に励んだのでした。中国の景気に陰りが見える現状では、価格が下がるのは致し方のないところでしょう。

しかしよく見ると、米国のシェールオイル生産には多くの無理があるのです。米国のシェール資源の担い手は、主に中小の石油生産会社です。およそ２００社が生産に携わっていますが、どの会社も営業収支が赤字です。シェールオイルの採掘コストは高いので、売り上げが原価に追いつかないのです。

問題は石油生産会社の裏に、ウォール街の投資銀行が付いていて、いくらでも資金を手配してきたことがあります。例えば高金利のジャンクボンドと呼ばれる社債の発行を行ったり、新株を発行して一般投資家の資金を集めたりします。低金利の時代には多少のリスクがあっても積極的に投資を行う個人投資家も多く、資金集めには苦労がないようです。投資銀行は他にも石油生産会社が持つ鉱区の売買を手配したり、会社の身売り（Ｍ＆Ａ）を手配したりもします。このような営業外収入によって石油生産会社は生産を続けることができたのです。

米国エネルギー省のレポートによると、米国のシェール資源会社が、このような営業外収入で営業赤字を補った総額は毎年15兆円以上であったと報告されています。つまり米国のシェール生産はブームというよりもむしろ、リーマンショック前の住宅バブルと酷似した「バブル」状態と言ってもいいように思われます。

２０１６年後半のシェールオイル生産量は、２０１５年６月のピーク時点よりも１００万バレル／日程度減少しました。累積赤字が１兆円を超えた会社も複数見られることから、シェール企業の倒産ブームが来てもおかしくないのです。

シェールオイルの生産コストは50～60ドル／バレル以上と考えられています。このような競争力の低い非在来型資源が、将来の市場を主導することは考えにくいのです。

再生可能エネルギーは化石燃料の代わりになるか

再生可能エネルギーには水力、バイオマス、地熱などもありますが、いずれもその国々の地勢的条件に左右されるものであって、多くを望むことはできません。主力はどうしても太陽光と風力になります。

太陽光と風力の一番の問題は、希薄なエネルギー源であることです。資源量としては沢山あるのですが、それを集めて使うためには、それなりのエネルギー投入が必要となります。太陽電池を作るためにはシリコンなどの材料を作るための大きなエネルギーが必要であり、風車やタービンを作るためにもエネルギーが必要になります。

一方、希薄なエネルギー源だけに、一つの装置で回収できるエネルギー量はそれほど多くはないのです。装置が働く時間が少ないからです。働く割合は稼働率と呼ばれていますが、1年間8760時間のうち何時間動くかの割合（%）で示されます。

わが国の場合、平均的な太陽光発電の稼働率は12%程度、風力発電の稼働率は20%程度と言われています。火力発電や原子力発電の稼働率が80%程度ですので、太陽光はおよそ

7分の1、風力は4分の1程度と言えるでしょう。逆に見れば、同じエネルギー量を得るために太陽光は7倍の設備、風力は4倍の設備を必要とするということになります。

それに加えて、太陽光・風力は昼夜や季節により、またその時々の気象条件によって発電量が大きく変動します。一方、電力は消費側の需要に合わせてぴったり同じ量を供給する必要があります。誰かが太陽光・風力による変動を埋め合わせして、安定した供給を行う必要が出てくるのです。その役割を務めているのが、火力発電や原子力発電などのバックアップ電源です。

つまり太陽光・風力は、独力では消費者に安定した電力を送ることができません。バックアップ電源がなくなれば自分自身も存在できなくなるのです。やどかりが宿となる貝殻がなければ生きていけないのと同じです。したがって需要に応じて安定した電力を供給できる火力発電や原子力発電の代わりを務めることはできません。エネルギー源として、太陽光や風力が化石燃料を代替することは本当に難しいと言えるでしょう。

蓄電池は化石燃料の代わりになるか

自分の家の屋根に太陽電池を乗せ、あわせて蓄電池を備えれば電気代を大きく節約できるのはその通りです。しかし1年間を通して電力会社の電線のお世話にならずに過ごすことはまずできません。蓄電池は普通5時間分程度の電気を貯蔵することしかできません。つまり相当大きな容量の蓄電池を備えたとしても（そのために多額の投資を行っても）、年に数回ある長期の悪天候を乗り越えることは難しいのです。停電の心配でハラハラすることが続けば、生活にも支障が生じます。

電線で電力系統（送電網）につながっていれば、いつでもスイッチ一つで電気を使うことができます。これは電線の後ろにたくさんの発電機がつながって動いていて、消費に合わせて電気を送ってくれるからです。自宅に蓄電池を備えた場合でも、電線を切ると必要な量だけ電気を送ってもらうこのサービスが受けられなくなります。米国のハワイ州は屋根上の太陽光発電が一番進んでいる州ですが、電線を切って独立したという家庭の例を聞いたことがありません。

個人の住宅の場合でもそうなのですから、工場や大きな事務所などの電気を自分の太陽光発電で賄うのは一層難しいことです。敷地の内外に太陽電池をいっぱい敷き詰め、とてつもなく大きな蓄電池を備えたとしても、いつも停電を心配しなければならないでしょう。

蓄電池の本質的な問題は、そのエネルギー貯蔵密度の低さにあります。エネルギー貯蔵密度とは、例えば重量（キログラム）当たりに蓄えられるエネルギー量のことです。米国のエネルギー評論家の資料によると、ガソリンや軽油に比べて現在の蓄電池の貯蔵密度は１００分の1程度であり、将来の技術革新があるとしても、理論的な最大値は10分の１程度であるとしています。化石燃料にはとても太刀打ちできないのが蓄電池と言えます。

ちなみに現在、電力貯蔵の99％以上で使われているのは揚水発電だそうです。揚水発電は下の池と上の池を設けて、余った電気を使って下の池から上の池に水を汲み上げておき、必要な時に下の池に水を落としてその力で発電を行うものです。しかし揚水発電所を作るには落差の大きな広い敷地の場所が必要であり、世界的に見ても作れる場所が限られています。このように大量の電力を貯蔵するのは本当に難しいことなのです。

揚水発電の仕組み

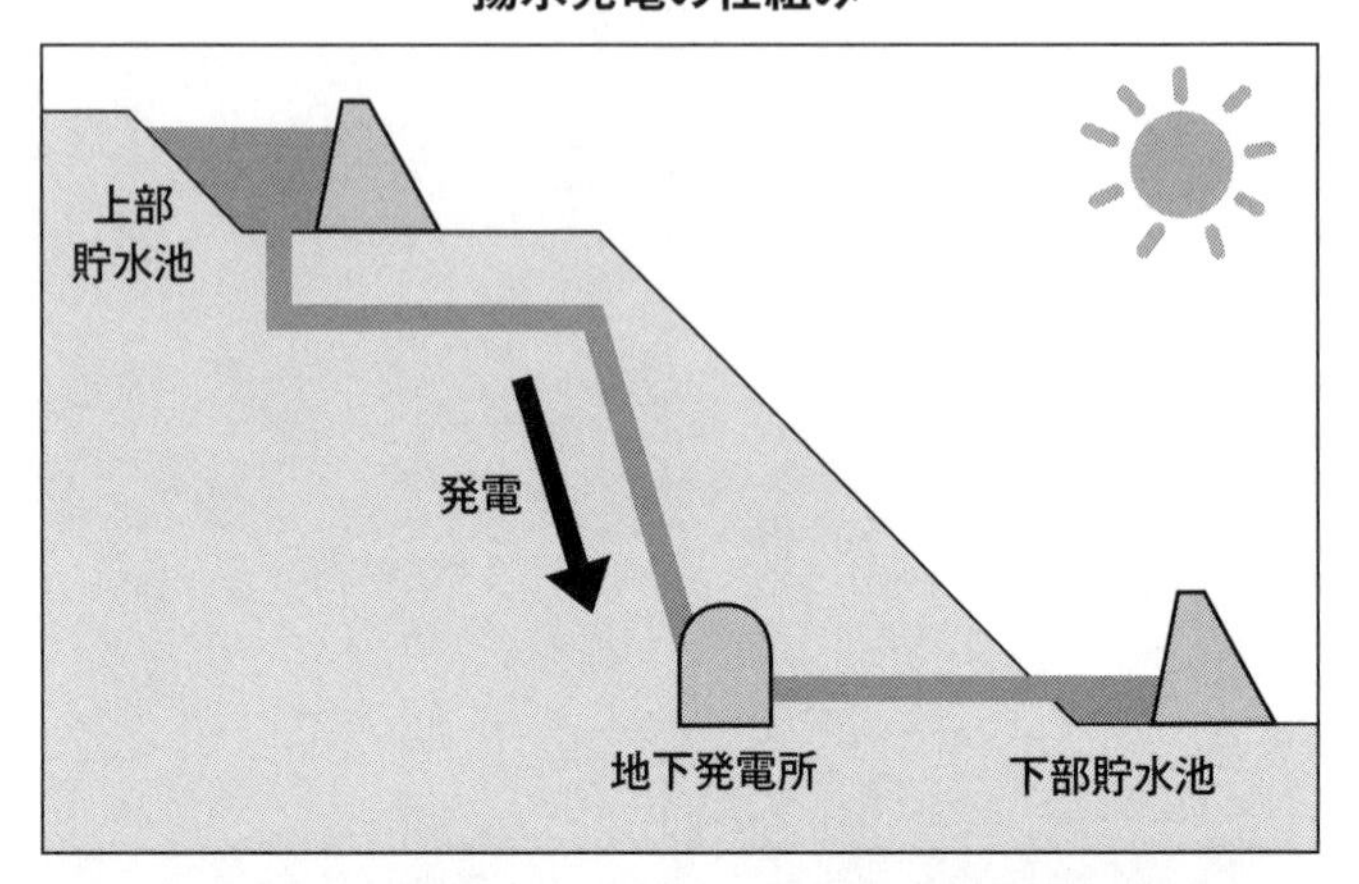

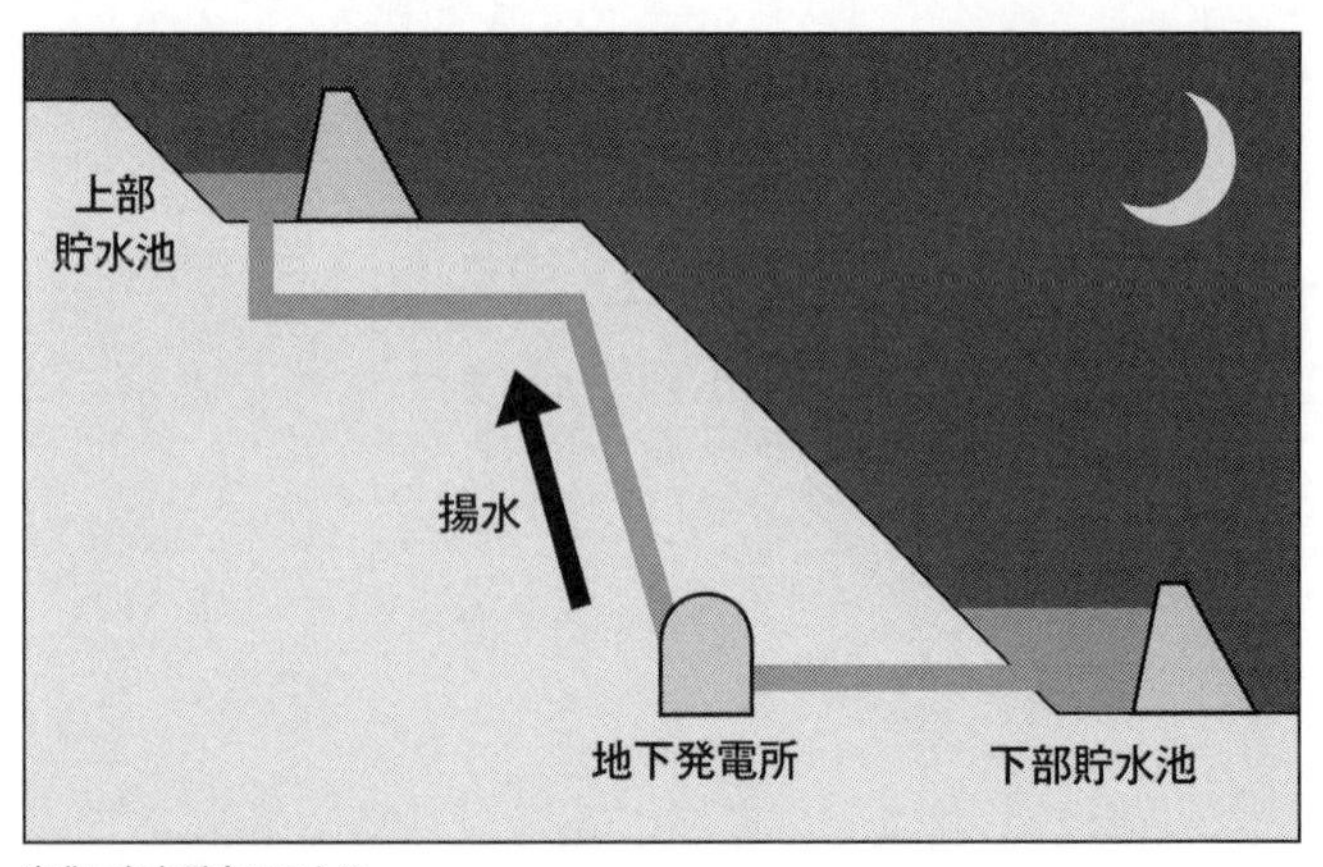

出典：東京電力HPより

太陽光・風力発電のメリットは？

電力とは文字通り「電気と呼ばれる『仕事をする力』」のことです。その大きさは「キロワット（kW）」で表されます。一方、供給するエネルギー量（「電力量」）で比較されることもあります。単位は「キロワット時（kWh）」です。「仕事をする力（kW）」に「時間（h）」を掛けると、「電力量（kWh）」が得られます。

一般家庭で慣れ親しんでいるのは「電力量（kWh）」の方と思いますが、それ以上に大切なのは、実は「仕事をする力（kW）」なのです。なぜなら「仕事をする力」が供給されなければ洗濯機もエアコンも回らず、電磁調理機も使えず、電灯も点かないからです。

電気のことで一番分かり難いところですが、身近なもう一つのものとして、水道に例えてみましょう。洗い物をするときにはザーッと勢いよく流れる水が必要ですが、これが仕事をする水です。一方、チョロチョロ出る水道ではその時々の仕事には使えません。しかし長い時間を掛けて貯めれば、水量としては確保できます。

変動する電源が生む電気は、必要な時に必要な量が出るわけではないので「仕事をする力（ｋＷ）」の供給は保証できません。しかし時間不定、量不定でも良ければ、それを合計した「電力量（ｋＷｈ）」の提供はそれなりにできるのです。

よく新聞などで「１０００所帯分を賄う太陽光発電設備」などという報道を目にしますが、これは読者に誤解を与えることになります。なぜなら「電力量（ｋＷｈ）」だけを比較しているからです。

標準所帯が１か月間に３００ｋＷｈの電力を消費するとすれば、１年間で３６００ｋＷｈの電気を消費することになります。この１０００倍の電気を提供できるというのがこの新聞記事の内容ですが、それではその１０００所帯は、この太陽光発電設備に頼り切ることができるでしょうか？　夜もあり、雨の日もあるのですから、もちろん不可能です。「電力量（ｋＷｈ）」は供給できても「仕事をする力（ｋＷ）」を供給できないからです。

それでは、太陽光や風力発電の意義はどの辺にあるのでしょうか？　それは「電力量（ｋＷｈ）」の供給という面にあって、その分だけ火力発電などの燃料費を減らす効果があるということが一番でしょう。

次に、化石燃料の消費を減らして地球温暖化対策（ＣＯ２削減）に貢献できることです。しかし先にお話ししましたように、火力発電のバックアップを必要としますので、火力発電設備そのものを減らすことはできません。ＣＯ２削減にも自ずと限度があるのです。またドイツなどで見られる現象ですが、太陽光・風力発電が増えすぎると、その「電力量（ｋＷｈ）」分だけ火力発電の稼働率を下げる必要が出てきますので、火力発電の採算が悪化して廃業に追い込まれる、困った問題も出てくるのです。バックアップ電源がなくなれば、太陽光・風力発電自身が生きていけなくなります。

太陽光・風力発電をたくさん作れば問題は解決する？

太陽光・風力発電をたくさん作ると、また違った問題が発生します。ドイツやスペインなどの先行国で実際に生じている問題ですが、週末などの消費量が少ない時に太陽が強く照り、風が強く吹く時には、電力が余ってしまうことです。送電網に必要以上の電力が流れ込むと停電のリスクが増します。ドイツでは隣国のオーストリアやポーランドなどに価格ゼロでも、あるいはマイナス価格（現金を付けて）でもいいからと、引き取ってもらうようにしていますが、将来引き取ってくれなくなれば、自国の発電設備を止めるしか方法がなくなります。

バックアップ電源である火力発電は、そのような太陽光・風力の電力が余る場合でもある程度の出力で運転を続ける必要があります。夕方などの消費ピークに備えていつでも出力を増強できるようにする必要があるからです。太陽光・風力が増えすぎると、このようなバックアップ電源による調整がますます難しくなります。

太陽光発電のもう一つのメリットは昼間のピーク需要の時に働いて、ピークを下げる効果があることです。しかしもう一方でどの太陽光設備も同じ時間帯に同じような発電を行うという欠点があります。太陽が強く照る時にはどの設備も発電量が多くなり、陰れば少なくなります。設備が増え過ぎるとお互いがお互いのメリットを消し合うことが生じます。例えば発電量が多くなりすぎると誰かの発電を止めねばなりません。これは「共食い効果」と呼ばれています。先行国のドイツやスペインでは、太陽光・風力の発電割合が20%近くになり、すでに「共食い効果」が現れています。つまり太陽光・風力は増やせば増やすほど良いというものではなく、限度があるということです。

このように太陽光・風力発電は増やせば増やすほど電力システム全体の設備量を過剰にして、すべての発電設備の採算を悪化させるとともに、太陽光・風力の仲間同志による共食い効果をもたらしてそれぞれの採算を悪化させ、自ずと限度が生じるのです。国際エネルギー機関（ＩＥＡ）による主要国のコンピューターモデルによる分析結果の数字から見ると、太陽光・風力の発電量が全体の25％程度に達したら、それ以上の導入は意味が薄れることが分かります。

下の図３‐２は国際エネルギー機関（ＩＥＡ）のレポート「世界エネルギー見通し２０１５」に記載されているものですが、ドイツ、イタリア、スペインやＥＵ全体で、太陽光発電の建設が既にピークを過ぎていることが分かります。

図3-2　欧州各国の太陽光発電設備建設状況（2007～2014年）

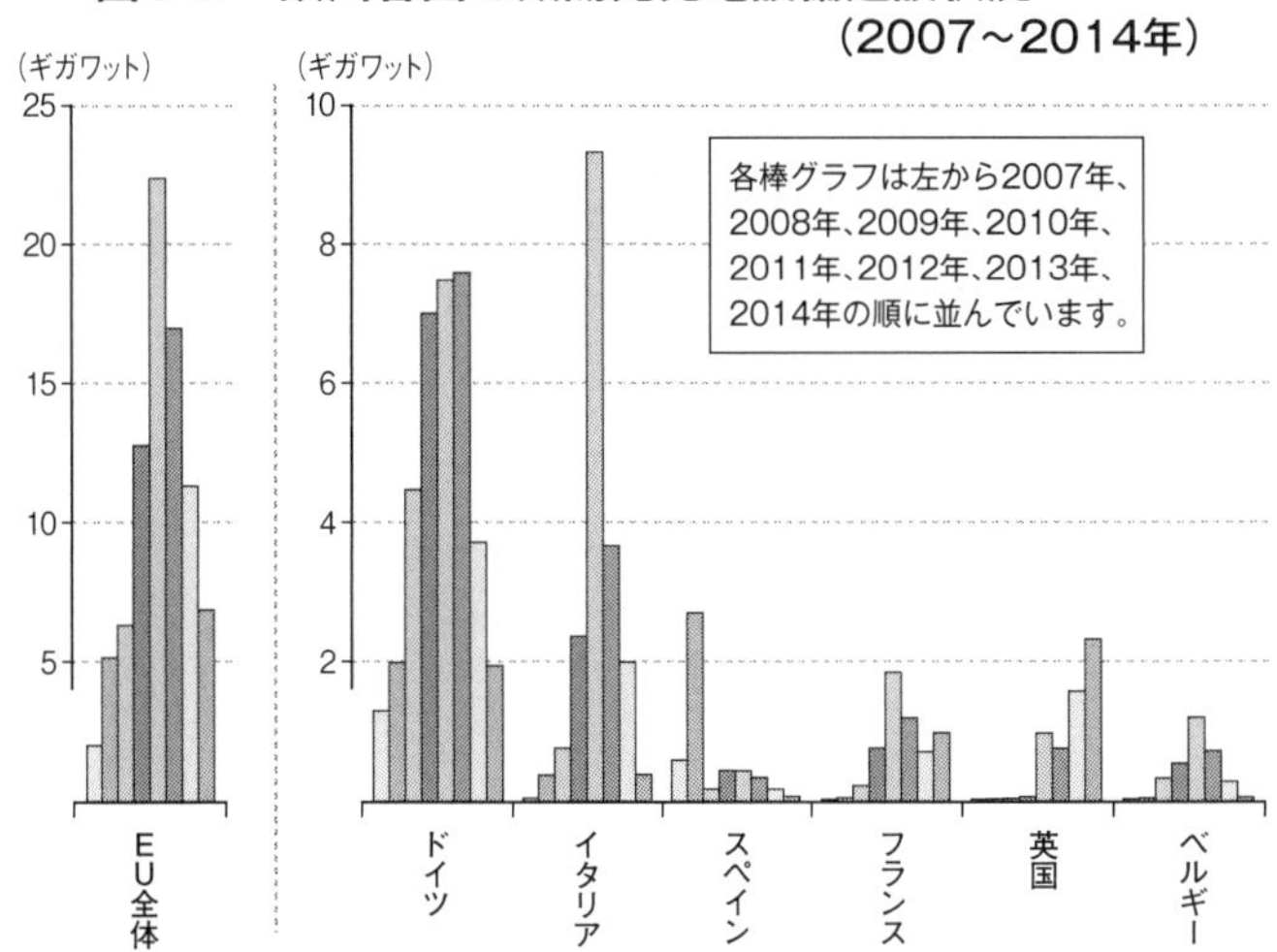

なぜ、再生可能エネルギーが普及すると国民負担が増大するのか

福島原発事故は、再生可能エネルギーへの国民の期待を一挙に高めました。その期待の大きさは脱原発への願望の大きさに比例しているともいえるでしょう。

実際、福島事故を契機に、わが国でもドイツをまねて、風力発電や太陽光発電などの再生可能エネルギー利用を促進するための固定価格買取制度（ＦＩＴ）が導入されました。再生可能エネルギーによる電気を原価よりも相当高い価格で長期間買い取ることを国が保証し、そのための買取費用を「賦課金」として電気料金に上乗せして消費者から徴収する制度です。

この制度のお陰でわが国では特に太陽光発電が急速に普及・拡大を続けています。しかしその一方で国民の負担も増大し、２０１７年度の賦課金は総額で2・1兆円になりました。国民一人当たりにすると1万7千円の負担に相当し、前年度より3千円近く増えました（図3‐3）。

これだけの賦課金を投入して得られる太陽光などの再生可能エネルギー発電量は、総発

電量の４・７％（２０１５年度）に過ぎません。買取費用は年々増加を続け、２０３０年には年間３・７〜４兆円になると予想されています。国民負担が耐えられる限度を超える懸念も出てきたため、国は賦課金の際限ない膨張を抑制する方向へ舵を切っています。

再生可能エネルギーへの国民の大きな期待は、このような経済負担を認識していないが故の危うい期待ともいえるでしょう。

図3-3　うなぎ上りの再エネ賦課金

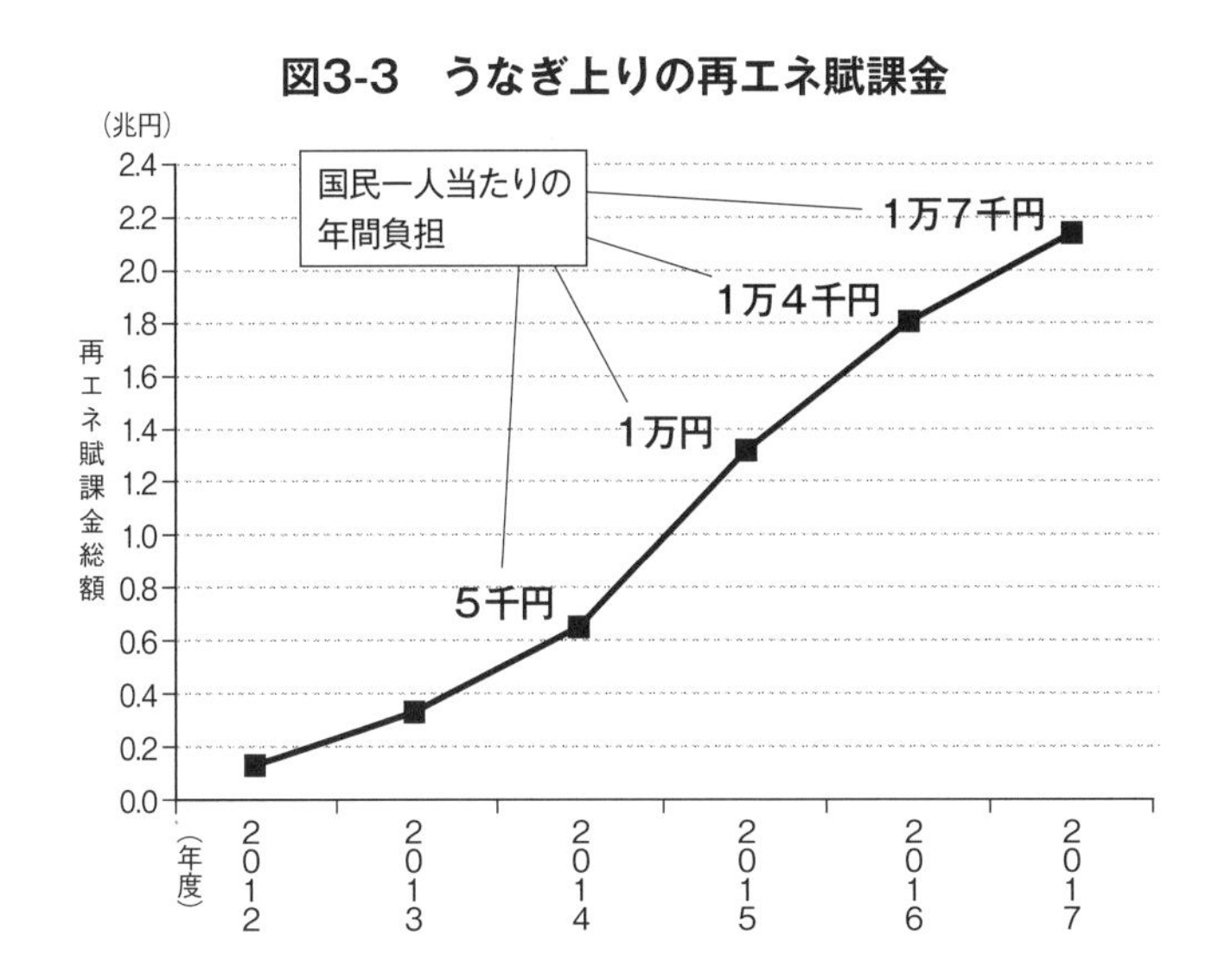

原子力と再生可能エネルギーは共存できない？

地球温暖化防止のためには、火力発電をなるべく少なくしてＣＯ２を出さない、再生可能エネルギーと原子力発電を増やせばいいという意見があります。再生可能エネルギーだけでは先述したように限度があるので、原子力と一緒になって温暖化対策に努めるべきだという意見です。私どもも、全くその通りだと思います。

一方で、それぞれの電源にはそれぞれの役割があります。１年間を通して安定した供給を行うベースロード電源（原子力、石炭火力）、季節や昼夜の間の大きな変動に対処するミドル電源（ガス火力）、そしてピーク需要時などの細かな変動に対処するピーク電源（石油火力、ガスタービン火力）などがあります。太陽光・風力発電は残念ながら間欠的で変動するために、どの役割も務められません。しかし電力量（ｋＷｈ）での貢献はできますから、その面での利用を図ることになります。

具体的には、原子力発電にはベースロード電源として、年間を通して安定発電する役割を担わせ、太陽光・風力は、火力発電のバックアップを得ながら、「電力量（ｋＷｈ）」の供給を行わせるようにすればよいのです。

しかし、原子力発電は船で言えばタンカーのような巨艦に例えられるように、素早いスピードの上げ下げや方向転換が得意ではありません。休止状態から運転を開始するには１日程度の時間を要しますし、出力を下げる時も１００％のフル出力から30％程度まで落とすことは可能ですが、急速な変化は苦手としています。したがってピーク電源のような役割を果たすことはできず、太陽光・風力の急速な変動には付いていけません。やはり火力発電が変動の吸収役として必要になるでしょう。

将来の技術開発を考えると、原子力発電も小型で小回りの利く原子炉が開発される可能性があります。現在の固体燃料を使うのではなく、同じウランやプルトニウムでも液体に溶け込ませた燃料を使う原子炉です。溶融塩炉と呼ばれる原子炉ですが、出力（仕事をする力）の上げ下げが柔軟になり、いずれバックアップ電源として、火力発電の代わりを務められるようになるでしょう。商業化に20年程度の時間が掛かるかもしれませんが、将来は太陽光・風力と共存しながらＣＯ２削減に貢献するようになるかもしれません。

まとめ　化石燃料と再生可能エネルギーの限界とは？

化石燃料は枯渇が直接の問題ではなく、石油・ガス・石炭はいずれも将来の生産ピークが避けられず、生産減退が始まるということが問題なのです。石油は2020年代という早い時期に生産減退に直面する可能性が大です。ガスは石油に遅れること15年程度でピークを迎え、石炭は意外に早く、中国の国内生産が減少を始める2020年代には世界の生産ピークを迎えて、それ以降はだらだらと下降曲線を描くことでしょう。

再生可能エネルギーの主力は太陽光と風力です。本章で述べたように、太陽光と風力の発電割合が20〜25％まで増えると、自ずとブレーキが掛かってきます。

原因の一つは、過剰発電設備を生むことです。国際エネルギー機関（IEA）の最新レポートでは、日本を含む主要国について地球温暖化を摂氏2℃までに留めるため、太陽光・風力を思い切って増やす電源シナリオを作り、分析しています。

その結果を見ると日本の場合、太陽光・風力の設備量（kW）を平均電力需要（kW）の1・35倍程度にまで増やしても火力や原子力の代替にはならず、結局これらのバックアップ電源と合わせて平均需要量（ｋＷ）の３・４倍の発電設備（ｋＷ）が必要となることが示されています。

どの業界でも、需要の３・４倍という過剰な生産設備を持つ業界は生き残ることができません。採算が取れないため、どれかが引退しなければならなくなりますが、最初の引退候補は安定供給に役立たない太陽光・風力となることは必定でしょう。

もう一つの理由は、太陽光と風力が増えすぎると、それぞれが同じ時間帯に同じような発電を行い、足を引っ張り合う「共食い効果」が生じることです。ＩＥＡレポートでは太陽光・風力が増えすぎると、電力系統全体の発電量が需要量を上回って、特別の手段（例えば蓄電池の設置）を取る必要が出てくる時間帯が増し、太陽光・風力を合わせた発電割合が25％程度にまでなると、そのような特別の手段でも解決ができず、結局、太陽光・風力の一部を止めざるを得なくなると書いています。

つまり太陽光・風力は一定の限度を越えると「共食い効果」で止めなければならなくなる現象が生じるのです。それ以上増やしても、何のために設備を作っているのかが分からなくなります。「発電割合25％が太陽光・風力発電の導入限度」ということができるでしょう。

コラム

FIT（固定価格買取制度）の功罪

FITはフィード・イン・タリフのことで、直訳すれば「定額料金による受入れ」を意味します。未熟な段階にあるエネルギー技術の導入と拡大のために考えられた仕組みで、その技術から発生する電気を優先的に電力網に受け入れ、優先価格で買い取る制度です。再生可能エネルギー、とりわけ太陽光・風力発電を促進するために、欧州を皮切りに世界の多くの国で採用されています。

設備を建設する事業者が、必ず投下資金を回収して利益を得ることができるよう、高目の買取価格を設定して、長期間（通常20年間）にわたってその価格を保証します。必ず儲かる仕組みなので、いずれの国でも爆発的に建設が進みます。しかし自由化された市場でも、その事業者だけは競争しなくて済むシステムでもあるため、もともと自由市場とは相容れない仕組みとも言えます。一番の問題は、消費者側が高い料金を長期に負担する結果になることです。

太陽光・風力発電はどちらもすでに大規模に商業化され、成熟した技術です。当初の目的は達成されても、しかし一度導入された制度は簡単には止めることができません。実はＦＩＴは止め時が問題で、ドイツに見るように、国内の最大電力需要（ｋＷ）を上回るまで設備が増えてもなかなか止められないのが、この制度の欠陥です。

（小野）

第4章 これだけ危うい日本のエネルギー事情

原子力発電が動いてなくても停電にならないのはなぜ？

原子力発電は1年中動かすベースロード電源ですので、それに代わるものは同じベースロード電源である石炭火力が適しています。しかし東日本大震災後の日本では、石炭火力の設備だけでは原発停止分を補いきれなくなり、ミドル電源であるＬＮＧ（液化天然ガス）火力を年間を通して運転し、ベースロード電源の役割を務めさせています。液化天然ガスのコストは高いため、どうしても発電コストが高くなり、電気料金が値上がりするとともに、電力会社の収益を悪化させています。

実際にはそれでも発電設備は不足していますから、休止中の古い（40年以上を経た）石油火力まで引っ張り出して稼働させ、フル活用しています。２０１３年、わが国では石油火力の発電量の割合が15％にまで達しました。これは世界的に見て異常なことです。石油もガスも価格の高い化石燃料なだけに、日本が支払う追加の（原発が停止したために支払っている）燃料調達費は、年間３兆円にも達しているのです。多額の国費が海外に流れていることに目をつぶり、国民負担に目をつぶっているのが現状ですが、それに加えて古い設備も総動員して動かしているだけに、故障の可能性も高まっています。故障が起これば停電のリスクは一気に高まります。

世界的に見れば、貴重な石油資源を枯渇から守るために先進国では石油火力の新設が禁止されています。現在の日本は恥も外聞もなく、国民負担や温暖化をものともせず、石油火力を含む火力発電をフル稼働して停電にならないよう頑張っているのです。このように85％近い発電を火力発電に依存している現状は長続きしないことでしょう。ひとたび国際的な争乱や石油危機のようなことが起これば停電が現実のものとなるからです。原子力発電の再稼働が必要な理由です。

それにも増して大切なのは、私たちの子供や孫の世代のエネルギーをどう確保するかを考える必要があることです。20年先、30年先、50年先に我が国が確保できるエネルギー源にはどのようなものがあるでしょうか？　石油やガスは明らかに生産量が減退する局面に移っていることでしょう。太陽光や風力などの自然エネルギーは導入に限度があります。今エネルギーが足りていることは何のなぐさめにもなりません。なぜなら私たちは化石燃料の生産ピークという一番恵まれた時代を生きているからです。現在の73億人という世界人口は１００億人を超えることが予想されています。その中で資源の乏しいわが国が、どのようにして生き残れるかを真剣に考える必要があるのではないでしょうか？

脱原発は火力依存を強め、温暖化対策に逆行する

日本には自前のエネルギー資源が余りありません。国内には水力や地熱などの資源がありますが、開発の余地が大きくないのです。石油やガスはそのほとんどを輸入していて、日本のエネルギー自給率はわずか６％と言われています。この自給率を上げることが「エネルギーの安定供給」を確保するために一番重要になります。

政府は国産エネルギーとして、再生可能エネルギーと原子力の推進を考えています。原子力発電の燃料であるウランは外国から輸入するのですが、原子炉に入っている燃料は３年ほど燃え続けますし、ウランは備蓄も容易で、何年分も蓄えて置くことができます。

将来、自国の原子炉で作られるプルトニウムを利用する原子炉が実用化されたら、ウランを輸入することなく、全て自前の燃料で電力を供給できるようになります。その意味で政府は、原子力を準国産エネルギーに位置付けているのです。

政府が２０１５年に作成した、「２０３０年に向けた長期エネルギー計画」では、安定

供給に第一の重点を置き、自給率を６％から25％程度まで引き上げること、経済性を確保するために電力コストを現状より引き下げること、地球温暖化対策に取り組むためにCO２排出量を26％引き下げることを提唱しています。

具体的には２０３０年の電源の割合として、自給率向上に役立つ再生可能エネルギーと原子力を合わせて44％とし、内訳は再生可能エネルギーが22～24％、原子力が22～20％としています。残りの56％は火力発電で内訳は石炭26％、ＬＮＧ（液化天然ガス）27％、石油３％としています。

再生可能エネルギーと原子力はいずれも、目標を達成するにあたって、それぞれの課題を抱えています。再生可能エネルギーは発電容量（ｋＷ）当たりの建設コストが高いため、政府は固定価格買取制度（ＦＩＴ）を新たに設けて、事業者が投資金を回収できるようにしています。固定価格を高めに設定する必要があるので、固定価格と市場価格の差を賦課金として消費者から回収する仕組みです（コラム参照）。前述したように将来は年間３・７～４兆円にまで国民負担が増大することが大きな課題となります。

再生可能エネルギーは主力である太陽光・風力を大幅に伸ばし、２０３０年の発電割合を太陽光が７％、風力が１・７％、バイオマスが３・７～４・６％、地熱が１・０～１・１％、水力が8・8～9・2％としています。

しかし太陽光以外の風力、バイオマス、地熱、水力の新設ペースで見ると、その目標達成は非常に困難と思われます。ましてや希望の党のいう脱原発を目指すとなると、原発の分（20～22％）も肩代わりしなければなりません。一挙に建設量を倍増させる必要があるのです。絶望的と言えるでしょう。

さらに太陽光、風力を増やすためには送電網を拡充する必要があり、その建設コストは電気料金に反映されます。先行国ドイツでは、賦課金や送電網拡張のための負担が嵩んで、家庭用電気料金が世界で1、2位を争うレベル（40円／kWh）にまで上昇しています。30円／kWh以下に留まっているわが国の料金と比べても一段と高いことがわかります。

原子力発電は民主党政権時代（2012年）に全ての原子炉の運転がいったん停止されました。そして震災以前より一段と厳しい安全審査を受けることになっています。審査は原子力規制委員会によって進行中ですが、厳密な安全審査には時間が掛かること、複数の地方裁判所で運転差し止めの判決が出されたことなどから再稼働はあまり進んでいません。原子力が2030年に20％の電力を賄うためには、30基程度の原子炉が動いている必要がありますが、そのためには現在止まっている原子炉の再稼働が必要なことはもちろん、40

図4-1　電源のライフサイクルCO2排出量（1kWh当たり）

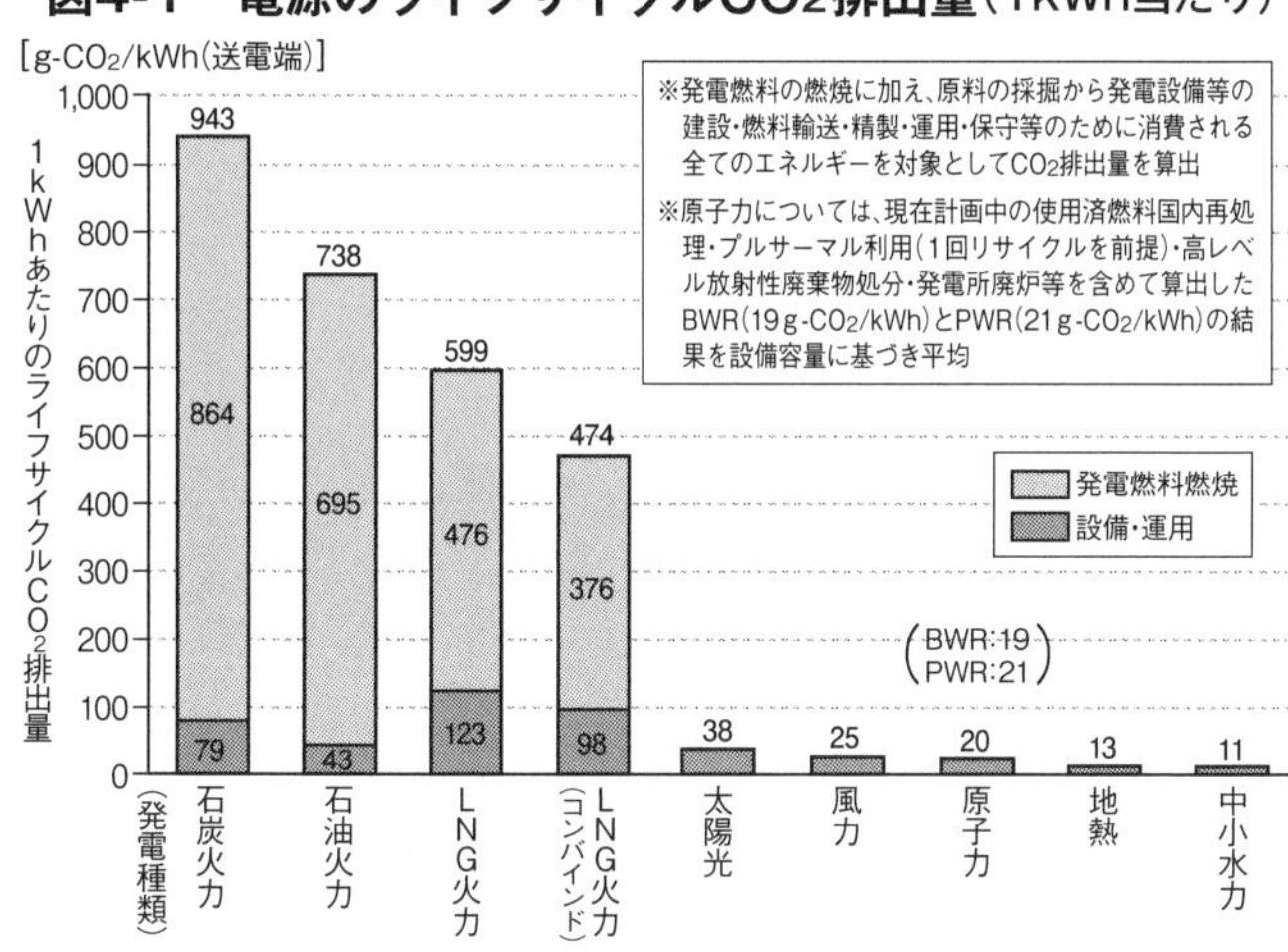

出典：電気事業連合会エネルギー図面集2015

年を越える原子炉の運転延長も必要となります。住民や国民の合意を得ながら進めることが大切でしょう。

上記図４－１は、それぞれの電源が寿命を迎えるまでに排出する炭酸ガスの量（発電量当たり）を示すものです。ご覧になれば明らかなように、石炭、石油、天然ガスを燃料に使う火力発電は、温暖化ガスである炭酸ガスの主要な発生源です。

それに対して再生可能エネルギーと原子力は、設備の製造時点で化石燃料を使い、わずかではありますが炭酸ガスを排出します。しかし運転中は全く排出しませんので、温暖化対策として最も優れており、また温暖化対策で役立つエネルギー源は再生可能エネルギーと原子力の二つしかないとも言えるでしょう。

再生可能エネルギーの主力である太陽光と風力の問題点は、間欠的で変動するため、既存の安定電源である火力発電の代役を務めることができないことです。（需要に基づく）指令に応じていつでも発電できるという役割を果たすことができないからです。逆に火力発電の支えがなければ、自らが生きていけません。そのような特徴を持つ電源ですから、自ずと電力システムへの導入には限度が生まれます。

一方、原子力は指令に応じて発電することができ、排出量が一番多い石炭火力を代替するのに適していますし、ガス火力の役割を務めることもできます。逆に言えば、「脱原発」を唱えることは火力発電への依存を続けることを意味していて、温暖化対策は必然的に行き詰まることを意味しています。原子力と再生可能エネルギーの両方、とりわけ原子力をできる限り伸ばすのが、温暖化対策には必要と言えるでしょう。

日本は温暖化対策の国際公約を守れなくなる

２０１５年11月、パリで開かれた国連の気象変動政府間パネル（ＩＰＣＣ）会議で、地球温暖化を摂氏２℃以内（できれば１・５℃以内）に留めるために、参加国すべてが自らの行動を約束する草案を出すことが決まりました。

日本政府も約束草案を作成し提出しました。その中で２０３０年までに２０１３年に比べて26％の温暖化ガス削減を約束しています。この約束のベースとなっているのは、前記した「長期エネルギー計画」ですが、中でも炭酸ガスを出さない再生可能エネルギーと原子力による発電の割合を、２０３０年までに合わせて44％とすることが柱となっています。

この２０３０年目標を達成するために、再生可能エネルギーと原子力はそれぞれ、大きなハードルを越えていく必要があります。再生可能エネルギーでは太陽光が７％、風力が１・７％の発電量を出す必要がありますが、そのためには６４００万ｋＷの太陽光発電設備と、１０００万ｋＷの風力発電設備を建設する必要があります。

太陽光はＦＩＴ買取価格が今後引き下げられていきますので、果たして目標通り建設されるかどうかの問題があり、風力は北海道、青森県、秋田県などの日本海側に風力資源が偏っているため、首都圏などへの送電に問題があります。

原子力は２０３０年に30基程度の原子炉が動いている必要がありますが、原子力規制委員会による再稼働の認可が遅々として進んでいないため、このままでは目標が達成されないおそれがあります。結果として再生可能エネルギーも原子力も目標を達成できず、わが国が国際約束を破る可能性が高くなります。

しかも温暖化対策は２０３０年目標の達成で終わりではないのです。２００８年の洞爺湖サミット（主要国首脳会議）でＧ８首脳は、先進国（Ｇ８）としては２０５０年までに温暖化ガスを80％削減すると約束しているのです。日本としては２０３０年の削減率26％から、さらに20年という短い期間内に80％もの大きな削減率を実現する必要があるのです。

果たしてそのようなことが可能でしょうか？　民主党鳩山政権の２０１０年、政府が決めたエネルギー基本計画では、２０３０年の温暖化ガスを（１９９０年比で）30％削減する目標を定め、そのために再生可能エネルギーの発電比率を21％に、原子力発電比率を53％に拡大する目標がうたわれていました。そのため、14基の原子炉新設が考えられていたのです。東日本大震災前には54基の原子炉がありましたので、14基増やすということは合計で68基にする計画でした。これは今の国内事情ではとうてい望めないものですが、本当に真剣に炭酸ガス排出の削減を考えれば、原子力発電の拡大が一番有効なことを、鳩山内閣時代のエネルギー基本計画が示しているのです。

特に２０５０年に向けた長期の炭酸ガス削減を考えるなら、原子力発電の再稼動や新増設は不可欠であり、現在の軽水炉よりもさらにエネルギー効率の良い次世代炉（高速増殖炉など）の開発努力も欠かせないことでしょう。一つだけ確実なことは、「脱原発」で原子力発電を減らすと石炭火力などの火力発電が増えてＣＯ２排出量が増え、気象変動のリスクが大きくなることです。

Ｇ８による２０５０年温暖化ガス80％削減は、目標そのものが余りに過大で、楽観的過ぎるものかもしれません。ものを作る産業分野、自動車などの輸送分野、事務所やスーパー、住宅などの民生分野で化石燃料が沢山使われていることを考えると、発電分野においては実質的に排出量をゼロにしなければ、とても追いつかない数字と思われます。

太陽光・風力などの変動する電源には、バックアップ用の火力発電が必要なこと、需要の細かな変動に対処するためにも、やはり火力発電が必要なことを考えると、火力発電をなくして排出量ゼロを実現することは至難のわざと思われます。

にもかかわらず、温暖化を少しでもくい止めるためには、わが国も再生可能エネルギーと原子力というゼロエミッション（排出量ゼロ）電源の拡充に引き続き努力を払い、国際社会でそれなりの貢献をして行く必要があると思われます。

電力自由化の影響は？

電力自由化は誰でも発電に参加でき、誰でも電力の商売ができるという点で理想的なものです。しかし電力事業は水道や下水、ガスなどと同じく、大変公共性の高い事業です。特に電力の場合には、1秒たりとも不足を起こしてはならないという非常に厳しい義務や責任があります。誰かが責任者となって安定供給を行う必要があるのです。

再生可能エネルギーは自由化によってどのような影響を受けるでしょうか？　自由化された市場では多くの取引が市場を通して行われますので、太陽光や風力などの変動するエネルギー源の電気はあまり取引に適していません。なぜなら、売りに出す電力の数量や日時をあらかじめ確定することができないからです。通常の取引が行われる前日の市場に、仮の数字で売りに出したとしても、当日の実際の数字が大きく違ってくると、多額のペナルティーを払うことになります。

各国政府は太陽光などの事業者が投資金を回収できるように、固定価格買取制度（ＦＩＴ）などの制度によって、再生可能エネルギーの普及を図ろうとしています。ＦＩＴは太陽光や風力などの電気を、優先価格で優先的に受け入れる制度です。発電された電気は、数量に関係なく電力網に必ず受け入れられ、市場では必ず取引が成立するように取り扱われる仕組みになっています。

一般的に市場価格は、安い順番に並べられた売手の申し込み価格と、高い順番に並べられた買手の申し込み価格が合致するところで「取引価格」として成立しますが、再生可能エネルギーは優先的に扱われることで（ゼロ円の売り申し込みと見なされて）、自動的にいつでもその「取引価格」が得られる仕組みになっています。

事業者は必ず契約を成立させることができ、市場での「取引価格」と「ＦＩＴ固定買取価格」との差額を、賦課金として消費者に請求することができますので、市場価格がいくら下がっても「ＦＩＴ固定価格」を得ることができ、利益を保証されるわけです。

しかしお分かりのように、これは自由市場の取引ではありません。特別優遇取引と言えるものでしょう。また電力網（電力システム）側で誰かが太陽光や風力の変動を吸収して、安定した電気を送り出しているから成立しているのです。必ず売買が成立する商品などは自由市場にはありませんが、ＦＩＴ制度ではあり得るのです。

もしＦＩＴ制度がなくなったらどうなるでしょうか？　スペインでは電力会社に赤字が

溜まり過ぎて、すでにＦＩＴ制度は廃止されています。その結果再生可能エネルギーの新設は止まっています。電力自由化とは究極的にはそのエネルギーの実力が出てくるものと言えるでしょう。

原子力や火力の場合はどうでしょうか？　自由化された市場の下でスペインやドイツのように再生可能エネルギーが大きく増えた場合には、電力システム全体の発電設備容量（ｋＷ）が過大になり、市場取引価格が下がって行きます。市場価格が運転コストを下回るようになると、発電事業者は運転コストすら回収できなくなり、大幅な赤字になります。実際ドイツなどでは、発電コストが高いガス火力や石炭火力の一部から閉鎖する動きが出ていますが、閉鎖されては困るので、政府が補助金を出す仕組みを作ろうとしています。

原子力は一番コストの安い電源ですが、自由化された市場では再生可能エネルギーと同じような制度的支援が必要になるかもしれません。なぜなら原子力も再生可能エネルギーと同様に、発電コストの中では最初の建設コストが大きな割合を占めるので、長期間にわたって均（なら）したコスト回収が必要になるものであり、短期的な需給の動きや一時的な競争（例・米国のシェールガス・ブーム）によって価格が決まってくる自由化市場では、なかなかその力を発揮できないからです。

現に、例えば米国ニューヨーク州は電力が自由化された州ですが、原子力発電を低炭素クリーンエネルギーとして、再生可能エネルギーと同じように補助金を出す制度を新たに作っています。

このように、再生可能エネルギーや原子力は、電力自由化との肌合いが悪いのです。電力自由化と地球温暖化防止対策の両方を同時に進めるためには、何らかの政策援助を行う必要が出てくるのではないかと思われます。

コラム

日本も小型モジュラー炉（SMR）の開発を急げ

3・11以後、日本国内では既存原発の再稼働だけでなく、新設炉の建設も難しくなったようです。福島の過酷事故を体験し、あるいは目撃した以上、人々が既存の原子力発電所に対して恐怖や不信感を抱くのは当然でしょう。

当面は、現在止まっている全国の原子力の再稼働が最優先課題であることは確かですが、30年、50年先という将来を考えた時、既存の原子炉だけではなく、もっと斬新な構想に基づく新型炉を考え出さないと、一般市民の原子力への理解と信頼を取り戻すことは出来ないのではないでしょうか。

これまで日本の原発はひたすらスケールメリットを求めて、どんどん大型化し、今や130万キロワット超の原子炉（軽水炉）が主流を占めつつありますが、この流れを一転して、10～30万キロワットの小型炉を建設することです。小型化して、工場で基本的なコンポーネントを製造し、それを現地に運んで組み立てる、いわゆるモジュール方式にすれば、建設コストも工期も大幅に縮小できるはずです。

しかも、どんな巨大地震にも耐えうる安全構造を採用し、核燃料も一度装荷したら最低30年、できれば50年以上取り替えなくてもよいことにする、そして寿命が来たら、廃炉（解体）せずに、そのまま半永久的に地上に保管しておけるようにする。例えていえば、一昔前まで流行っていた「使い捨てカメラ」のように、丈夫で操作が簡単な原発といった感じです。日本でも、かなり前から東芝が「４Ｓ」小型ナトリウム冷却高速炉（４Ｓの意味はSuper-Safe, Small & Simple）を開発し、米国の原子力規制委員会ＮＲＣのお墨付きをもらい、実用化の一歩手前まで来ている由。アラスカなどの寒冷地や僻地、離島向けだとか。

欧米では、とくにアメリカとイギリスがＳＭＲ（Small Modular Reactor）の研究開発に積極的で、トランプ政権も助成予算をつけています。マイクロソフト社の創業者ビル・ゲイツ氏がＳＭＲに関心を持ち、東芝や東工大の研究にも目をつけていることは周知の事実。

実用化までにはまだいくつか課題が残っているようですが、コストは量産が可能になれば下がるはずです。この際日本でも、ＳＭＲ開発にもっと力を入れるべきではないでしょうか。少なくとも、このくらい思い切った発想の転換を図らないと、一般国民の支持を得ることは難しく、原発は生き残れないのでは？

（金子）

第5章 ここまで進んだ福島事故再来防止対策

東電福島第一発電所事故とその影響

原子力発電所はウランを燃料とし、その核分裂で発生する大量の熱を使って発電します。原子炉を停止すると核分裂は止まりますが、燃料中にたまる核の燃えカス（専門的には「核分裂生成物」という）は「崩壊熱」という残留熱をしばらく放出し続けます。

崩壊熱は核の燃えカスから出る強烈な放射線のエネルギーに由来する熱ですが、原子炉停止直後で運転時発熱の約７％あり、１日後には０・５％程度に減少します。東電福島第一原子力発電所（福島第二）の第2～5号機の発電能力は78・4万キロワットですが、この規模の原発の崩壊熱は、８００ワットの電熱ヒーターにすると炉停止直後で20万台、１日後で1万5千台分に相当します。原子炉停止後もしばらくは、相当しっかりした除熱が必要なことがわかります。

２０１１年3月11日14時46分、わが国観測史上最大、マグニチュード9の巨大地震が東日本を襲いました。福島第一には6基の原子炉があり、1～3号機は運転中で、ほかは定期検査で停止中でした。想定を超える激しい揺れとなりましたが、運転中の3基の原子炉は制御棒の緊急挿入により、すべて設計通り自動停止しました。

変電設備の損壊や送電用鉄塔の倒壊などで、外部からの電力供給が完全に断たれてしまいましが、直ちに非常用のディーゼル発電機が作動開始したため、崩壊熱の冷却設備もいったんは設計通りに機能し始めました。

それから約50分後、想定をはるかに超える巨大津波が襲来して、1～4号機では、海水に熱を逃がすためのポンプが破損するとともに、非常用発電機や電源盤などが水没し、すべての電源が失われてしまいました。その結果、崩壊熱が残る1～3号機は冷却能力を失い、炉心溶融という最悪の事態に至ってしまいました。

その過程で発生した放射性物質を含む大量の水素ガスが建屋内に漏れだし、空気に触れて爆発を起こしたため、大量の放射性物質の大気中放出という大惨事を招いてしまったのです。

広範囲にわたる地域が放射能で汚染され、11の市町村に避難指示が出され、周辺地域からの自主避難者も含めると、ピーク時には約16万5千人が避難生活を強いられることとなりました。事故から6年を経過し、自然減衰や除染で生活環境の放射線レベルが低下したことで、大熊町と双葉町以外では、当初の汚染のレベルが高く「帰還困難区域」に指定された地域以外はすべて避難指示が解除されたものの、いまなお6万人近い住民が避難生活を続けています。

福島第一原発はなぜ大事故になってしまったのか?

原子炉に異常が発生した場合の安全確保の大原則は、「(原子炉を)止める、(停止後の燃料の崩壊熱を)冷やす、(放射性物質を)閉じ込める」です。福島第一の事故原因については、国会や政府などのほかに民間団体や学会からも調査報告書が出ていますが、起こったことを単純化して言えば、

① 地震そのものに対しては、原子炉は立派に耐え、外部からの電力供給が断たれたものの設計通りに安全機能が働いて「止める、冷やす、閉じ込める」に成功した。

② 地震発生から約50分後に設計条件をはるかに超える津波が襲来し、非常用電源や電源盤が水没して全電源を失ったために「冷やす」機能が失われた。その結果炉心溶融や水素爆発が起こって放射能を「閉じ込める」機能も損なわれて、大事故に至った。

ということになります。見方を少し変えれば、地震大国日本の原子力技術は１０００年に一度の巨大地震にも打ち勝てるということが実証された一方で（東日本の太平洋岸には発電用原子炉は15基あり、うち10基が稼働中でしたが、すべて安全機能が正常に働き、「止める、冷やす、閉じ込める」に成功しました）、巨大津波に対しての十分な備えが欠けていたため、大災害を招いたということもできるでしょう。

津波に関しては、福島第一でも設計上の考慮はなされていたのですが、設計時に調べた過去の地震から想定される津波の高さは３・１メートルと評価されていました。そこで、さらに余裕をもたせて海面から10メートルの高さに発電所の主要施設を設置したのです。福島第一は、現在主流の「軽水炉」と呼ばれる原子炉を使った商用発電所としては、日本で二番目に建設されたのですが、当時の津波に関する知見は今に比べると、相当未熟だったといえるでしょう。

ただし、その後も津波に関する検討・評価は続けられ、想定津波高さは平成14（２００２）年に５・７メートル、平成21（２００９）年には６・１メートルと見直され、これに基づき東電はポンプ嵩上げ等の対策工事を行いました。一方、有史以来大きな地震が発生していない福島沖でもマグニチュード8・2前後の地震が起こりうるとの見解が国の調査機関から示されたことから、平成20年にある試算を行ってみたところ、津波高は15・7メートルになるとの結果が得られました。しかしそれは全く仮想的な条件下での試算でしたので、東電はあらためて正式な津波評価を行う上で必要な福島沖の「波源モデル」を確定すべく、土木学会に検討を依頼しました。残念ながら土木学会での検討結果が得られる前に高さ約14メートルの巨大津波が襲来してしまい、非常用の電源設備や重要な電源盤などをすべて水没させ、大事故に至ったのです。

電源は、原子力発電所に異常が発生した時に、事故への発展や拡大を防ぎ、事故の影響をできるだけ小さく抑える対策を遅滞なく講じる上での命綱です。その命綱が、津波による冠水というただ一つの原因で全滅してしまいました。万が一の場合に備え別の電源確保手段が用意されていなかったのは、決定的な敗因といえるでしょう。

また、日本ではチェルノブイリのような大事故は起こりえないという慢心が原子力界にあり、重大事故が起きた場合への設備上の備えや訓練がおろそかにされていたことも、事故や被害の拡大を抑えられなかった大きな要因といえます。

欧米では、チェルノブイリ事故とその後の米国の同時多発テロの教訓を踏まえ、重大事故に対する対策の強化が規制面でも図られていました。残念ながら、わが国の規制は、それを事業者任せにして放置したことが、事故やその影響の拡大を抑えられなかった大きな背景要因であったと考えられており、安全規制の責任を負う原子力安全・保安院が、原子力利用を進める経済産業省の下にあったという組織構造上の欠陥も指摘されました。

国民の心に住み着いてしまった福島事故再来への不安

事故からすでに6年が過ぎましたが、原子力に対する国内世論の厳しさは一向に衰えません。それは、メディアが煽る原子力不要論が国民に広く浸透していることの顕われと言えますが、もっと根源的には、近年立て続けに想定外の巨大地震を体験した国民の心の底に、このまま原子力を続けると、いずれ福島事故の再来は避けられないのではという不安が住み着いてしまったためともいえるのではないでしょうか？

こうした中希望の党は「原発ゼロ」を公約に掲げましたが、ここで本当に原子力を放棄してしまえば、安価なベースロード電源を失うことになり、技術産業立国日本は厳しい国際競争から取り残され、経済三等国への転落の道を歩むことになりかねません。そこで、ここであらためて「これからの日本の原子力は本当に福島事故の再発を防げるのか?」という問題を考えてみましょう。

東日本大震災で津波の直撃を受けたのは、福島第一だけでなく、ほかに福島第二原子力発電所(福島第二)、東北電力女川原子力発電所(女川原発)、日本原電東海第二発電所(東海第二)がありました。これらの発電所では、いずれも「止める、冷やす、閉じ込める」に成功し、大事故に至らずに済みました。福島第一は究極の失敗事例でしたが、その一方でこうした素晴らしい成功事例もあったのです。その差がどこから来たのかを学ぶことは、「本当に福島事故の再来を防げるのか?」の答えを見つける重要なカギになりますので、その点を以下に少し詳しくみてみましょう。

先人の津波対策への情熱が救った女川原発

東北電力の女川原発は、東日本大震災の震源に最も近い原子力発電所で、揺れも福島第一を若干上回りました。津波も福島第一に近い、高さ約13メートルという巨大なものでしたが、一部の施設が被害を受けたのみで、無事に「止める、冷やす、閉じ込める」が達成されました。

平井弥之助氏

その成功の最大の原因は、発電所が標高14・8メートルの高台に設置されていたことです。発電所が高台に設置されたことについては、次のようなエピソードが残されています。
女川には3基の原子炉があり、1号機は昭和40年代に設計されました。その際、設計者は文献調査や地元に残る言い伝えなどを調べ、津波の高さを3メートルと想定しました。発電所をあまり高い敷地に設置するのは、海水への放熱や、専用港からの使用済燃料搬出などの負担を増やし、経済的には望ましくありません。しかし当時の副社長平井弥之助氏が、想定より高い津波に備えることを強く主張したことから、この高さが決まりました。
平井副社長はまた、冷却に欠かせない海水ポンプを津波直撃による損壊から守るため、高台から掘り下げた竪穴内に設置させるなどの対策も講じさせました。東北生まれの平井副社長は、貞観津波の史実などから、津波の怖さを知り尽くしており、何度も津波被害を受けた三陸地方に設置する原子力発電所では、津波対策に最善を尽くす重要さを説いたのです。

　福島事故の翌年夏に現地調査を行った国際原子力機関（ＩＡＥＡ）は、「女川原発は、震源からの距離や地震動の大きさなどでは厳しい状況に置かれたが、驚くほど損傷が少ない」と報告しています。

　女川原発では、こうして安全がしっかりと守られたばかりでなく、震災直後から敷地内の体育館を避難所として津波で被災した近隣住民に提供しました。ピーク時には３６０人を超える被災者を受け入れ、約３か月にわたり彼らの避難生活を支え、地元の災害対策に大きく貢献しました。

津波対策強化が間に合った東海第二

　茨城県の東海村にある日本原子力発電（原電）の東海第二原子力発電所も、震災時には外からの電力供給が遮断され、高さ５・４メートルの津波に直撃されましたが、無事「止める、冷やす、閉じ込める」の達成に成功しました。その成功は、震災前から取り掛かっていた津波対策の強化策が功を奏したためでした。

太平洋に面し海岸線が長い茨城県では、平成16（２００３）年末に発生したスマトラ島沖インド洋大津波の発生をきっかけに、独自に津波のハザードマップ（津波浸水想定区域図）を作成し、平成19（２００７）年に公表しました。非常用ディーゼル発電機冷却用のポンプが置かれた海水ポンプ室のまわりには標高４・９メートルの防護壁がありましたが、県のハザードマップに基づいて津波の再評価を行ったところ、東海第二の津波の最大高さは５・７メートルとなり、設計時の想定を上回りました。

県の指導を受けた原電は、既設の防護壁の外側に新たな防護壁を追加設置し、標高を６・１メートルまでかさ上げしました。海水ポンプ室は南北２か所にあり、震災発生時には北側は配管などの貫通部を塞ぐ工事が終わっていませんでしたが、南側防水工事が完了していました。

震災当日は５・４メートルの津波が襲来しましたが、工事未了の北側ポンプ室は浸水してしまい、非常用発電機が稼働できませんでした。しかし工事完了の南側ポンプ室はしっかりと守られ、２台の非常用発電機が正常に稼働することができました。このため、「冷やす」機能がきちんと維持され、安全が確保できたのです。

なお、原電は平成19（２００７）年の中越沖地震の教訓をふまえ、免震構造の緊急時対策室を建設し、その屋上（標高22メートル）にガスタービン発電機を設置しました。津波がもっと高く、南北のポンプ室がともに水没してすべての非常用ディーゼル発電機が使用不能になった場合でも冷却機能維持が可能な、もう一つのバックアップ電源を持っていたわけです。

的確な緊急時対応が大事故を食い止めた福島第二

福島第二は、福島第一と同様に巨大津波への十分な備えがなかったため、4基の原子炉のうち3基で、残留熱を除去するためのポンプのモーターと電源設備が浸水で故障し、冷却機能が失われてしまいました。

幸いにも外からの電力供給が保たれ、中央制御室なども停電を逃れたことと、所員の的確な判断と行動で短期間のうちにモーター交換と電源ケーブル接続が行われたことで、「止める、冷やす、閉じ込める」のすべてを守ることができました。

ここでは詳細には触れませんが、その成功の裏には、遠隔地の工場にあった予備のポンプや他発電所に設置されていたポンプを取り外して緊急輸送する大作戦があり、メーカーや自衛隊などの協力も得て実行されました。所内に緊急仮設した電源ケーブルは総延長で約9キロメートルに及びましたが、約200人の所員による驚異的な人海作戦で、ほぼ1日のうちに作業を終えることができました。こうした関係者の必死の努力によって、事故への進展が抑えられたのです。

成功と失敗の事例から学ぶこと

女川原発の成功は、先人の知恵のおかげで、想定以上の津波に対しても万全の備えができていたためであり、熟慮された人間の英知は、1000年に一度の天災にも打ち勝てるという希望を与えてくれます。東海第二の成功事例は、「なすべきことをきちんとしておけば、報われる」好例といえるでしょう。福島第二の成功は、所員の的確な判断に基づく緊急時対応が功を奏し、事故への発展を食い止めた事例で、改めて現場の緊急時対応能力の大切さを教えてくれます。

福島第一では、非常用電源設備は各号機ごとに複数設けられており、どれかが故障しても他から電気を融通できる設計になっていましたが、今回は津波による冠水という共通の要因で、全滅してしまいました。

共通要因による全滅を避けるためには、設置の場所を分散させたり、複数の異なる作動原理の装置を設けるなど、「多様性」を持たせることが大切ですが、福島第一でその点への配慮が欠けていたのは大きな反省点です。

福島第一では、全電源が失われた結果、照明や通信機能はおろか、中央制御室の制御盤も機能を失い、原子炉の状態把握が極めて困難になってしまいました。いわば、ハンドルの効かない車を、危険な山道で目隠し運転するような状態に陥ったわけです。こうして現場の状態把握や対処が迅速・的確にできなかったことも、事故の進展を食い止められなかった大きな要因と考えられます。

福島第二で、臨機応変の対応が成功したのは、中央制御室での原子炉の状態把握がきちんとできたためであり、それもひとえに電源が利用できたからでした。電源の有無が命運を分けたのです。

以上、紹介してきた成功と失敗の事例から、福島事故の再来を防ぐ重要なポイントがいくつか見えてきますが、その中心は何といっても、巨大津波が襲来しても、炉停止後燃料の残留発熱（崩壊熱）の冷却機能を死守することです。

そのためには、第一に、最新の科学的知見に基づいて想定される、最大高さの津波の直撃と冠水から非常用電源や電源盤、海水ポンプなど、安全上重要な設備を守る対策を講ずることです。第二には、それでもさらに想定を超える事態が起きて電源やポンプの機能が失われた場合に備えて、安全な高台などで待機する移動式のポンプや電源などを複数種類用意しておくことです（多様性の確保）。

これらの対応ができていれば、冷却機能は死守でき、炉心溶融などの大事故は防げるはずですが、それでも万が一大事故に至った場合に備え、第三の対策として、大量の放射性物質の拡散を抑え、周辺住民への被害をできるだけ小さくする手立てを講じておくことです。

事故後、原発の安全性はどこまで向上したか？

事故後、従前の原子力安全委員会と原子力安全・保安院が廃止され、きわめて独立性が高く、強い権限を持つ、原子力規制委員会と原子力規制庁が設立されました。新規制委員会は、以上述べたような教訓をふまえて原発の安全基準を徹底的に見直し、世界で最も厳しいといわれる新規制基準を策定しました。地震・津波のほか、竜巻や噴火も含む自然災害対策や火災対策を格段に充実させ、電源・冷却設備の強化・多様化を図るとともに、これまで事業者任せにされていた設計時の想定を超える過酷事故への対策やテロ対策についても新たな基準を設けました。

さらに規制委員会は、こうした新規制基準の適用により達成すべき安全目標を以下のように定めました。

① 重大事故の発生頻度は1原子炉あたり100万年に1回以下
② 重大事故時のセシウム137の放出量は、100テラベクレルを超えないこと

これらのうち②は、セシウム137の放出を福島第一事故時の100分の1以下に抑えることを意味しています。これが達成されれば、周辺地域の汚染は福島第一事故による汚染レベルの1／100以下に抑えられますので、事故が起きてもあわてて避難する必要はなくなり、屋内退避で十分になるのです。

各発電所はこの新基準に沿って、安全対策強化のための様々な追加・改善工事を進める

とともに、運用体制の整備強化も進めてきました。現在、原発の再稼働が少しずつ進み始めていますが、安全規制委員会は、こうした安全強化策で新規制基準や安全目標が十分満たされたかどうかを厳しく審査し、合格したところのみが再稼働を認められています。実際の安全対策がどのように行われているか、いくつかの代表的実例を紹介しましょう。

（1）津波防護壁の設置と建屋の防水化

各地の原発で、発電所構内への津波侵入を防ぐための津波防護壁の設置や増強が進められました。また津波が侵入してしまった場合に備え、非常用発電機などのある建屋の扉を水密扉に交換するなど、建屋の防水化も行われました。

例えば、南海トラフ巨大地震の震源域にある中部電力浜岡原子力発電所の場合、東日本大震災の巨大津波の影響の甚大さを深刻に受けとめ、その年の11月から、高さ18メートル、全長１・６キロに及ぶ長大な防護壁の建設を始め、翌年末までに完成させました。

その後、最新の知見に基づく予想最大津波の高さが約21メートルと評価されたため、さらに４メートルかさ上げする追加工事を行い、平成27（２００５）年末に工事を完了しました。

海抜 22 メートルの中部電力浜岡原子力発電所の防波壁
(http://hamaoka.cyuden.jp/onsite/)

(2) 電源車や可搬式ポンプ、移動式ポンプ車などの配備

各発電所とも、前記の対策で非常用発電機や海水ポンプなどは津波の被害から守られるはずですが、想定外の事態でそれらが機能を失った場合に備え、交流や直流の電源車、可搬型のポンプ、移動式の大型ポンプ車などを高台に配備し、多様性のあるバックアップ対策を講じました。また非常時の水供給能力を確実にするためのタンク設置も行っています。これらの対応により、最大予想高さを超える津波の襲来で非常用発電機などが壊されてしまった場

合でも、「冷やす」機能は死守できるようになりました。

（3）過酷事故への備え

「冷やす」機能が死守されることで、炉心溶融などの事故は防げるわけですが、それでもそうした事故が起こった場合を想定し、事故やその影響を抑えるためのいくつかの重要な対策を講ずることにしました。

その一つは、沸騰水型原子炉へのフィルター付きベント装置の設置です。炉心溶融事故が起きると、「閉じ込め」の重要な役割を担う格納容器内の圧力上昇が起き、設計圧力を超えると格納容器が破損する恐れが生じます。その場合には、格納容器内の緊急ガス抜き（ベント）を行う必要が生じますが、排出するガス中には放射性物質も含まれるため、そのまま放出すると周辺地域を汚染させてしまいます。こうしたガスを巨大なフィルターを通して排出することで、周辺の汚染を最小限に抑えることができるのです。

福島第一事故では、建屋内に漏れ出て蓄積した水素ガスが爆発して、原子炉建屋上部を吹き飛ばし、放射能の大量放出を招くという、たいへん苦い経験をしました。こうした事態を避けるため、建屋上部に上昇してくる水素を次々と空気中の酸素と結合させ、水にしてしまうことで高濃度の水素ガスがたまることを防止する「水素再結合装置」も設けられました。

これらの対応で「閉じ込め」機能は格段に強化され、基本的に放射性物質の建屋外への大量放出は防げるのですが、それでも放射性物質が外部に飛散してしまう場合に備え、屋外に放水銃も設けました。空気中に浮遊する花粉が雨で洗い落とされるのと同じ原理で、格納容器や原子炉建屋の破損部分に放水することで、放射性物質の広範囲への拡散を防ぐのです。

福島事故の再来は防げる

以上述べたような対策で、「冷やす」機能を死守する態勢が格段に強化され、たとえ1000年に一度の津波の再来があっても、炉心溶融や水素爆発などの破局的な事態に至る可能性は実質的にゼロに近いところまで安全性は高まりました。

地震・津波のほかに火山の噴火や竜巻などへの防護策も講ずるほか、テロ攻撃で既存の制御室が使えなくなった場合の代替施設も設け、万全を期すことにしました。

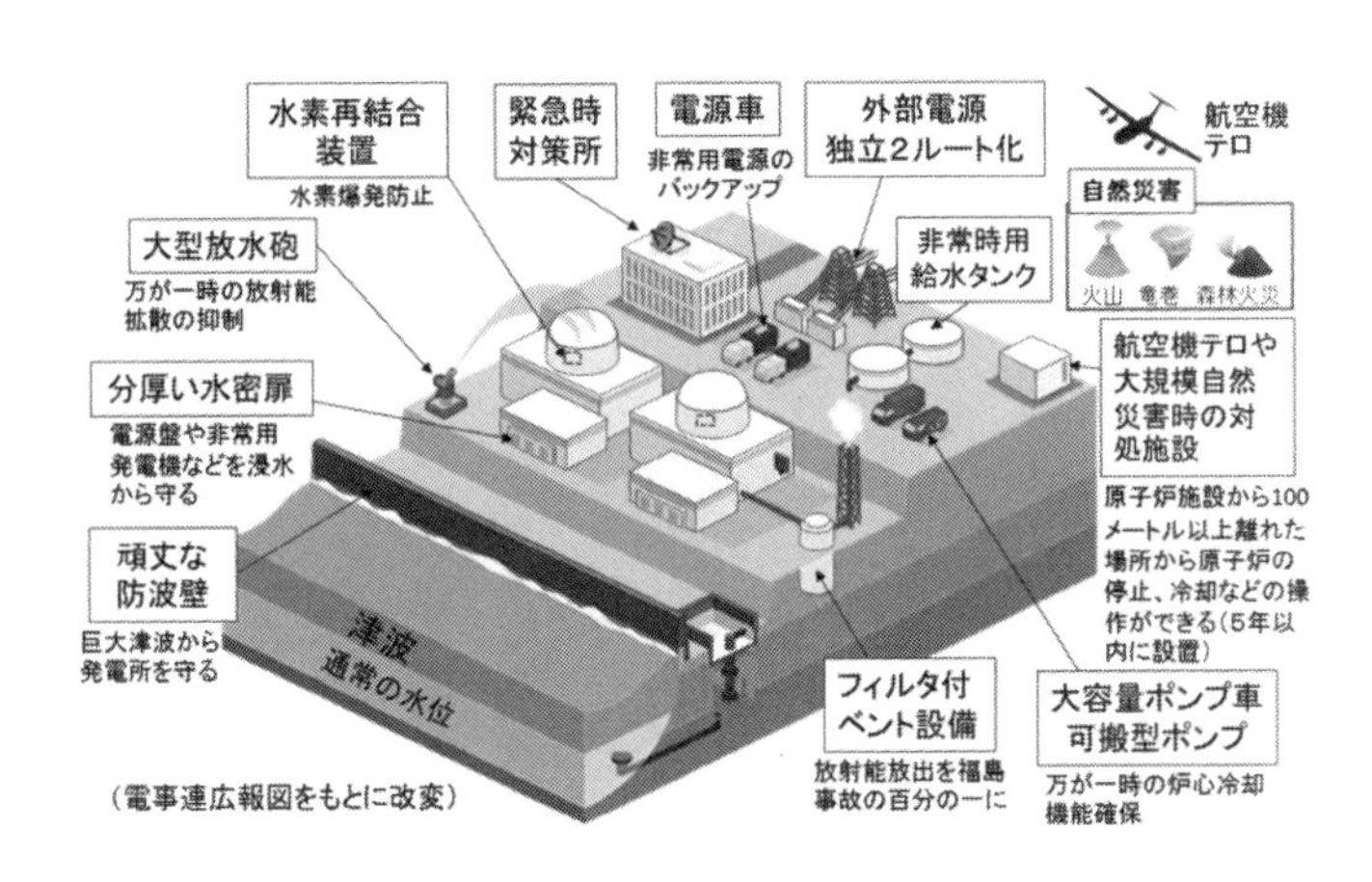

安全対策強化の全体イメージ図

さらに、それでも大事故が起こった場合に備え、「閉じ込める」機能も格段に強化され、最悪の場合でも外部に放出されるセシウム１３７は１００テラベクレル以下に抑えられます。

前述したように、そうなれば万々が一の場合でも周辺地域の汚染は福島第一原発事故による汚染レベルの１００分の１以下に抑えられますので、あわてて避難する必要は無くなります。突然の避難で、それまで入院していた病人や衰弱していたお年寄りが避難中に命を落としたり、避難住民が何年も故郷に帰れない、今回のような悲惨な状況は回避できるのです。

安全対策強化のこうした現状を冷静に受け止めれば、「これからの日本の原子力は本当に福島事故の再来を防げるのか?」という不安に対し、「はい、防げます」という答えが、かなりの信ぴょう性をもって見えてくるのではないでしょうか?

もちろん、その答えの信ぴょう性をより確かなものにするためには、原発の安全性の維持・向上に向けての規制や事業者のたゆまぬ努力や、自治体や周辺住民の協力も含めた万々が一の事故への抜かりない備えが求められ続けることは言うまでもありません。

放置できない巨額の国費流出

現在、各電力会社は、安全強化対策を講じた原発の運転再開準備を進めていますが、2017年10月時点で稼働している原発は5基に過ぎず、遅々として進みません。そうした状況の背景には、福島事故のトラウマが強く影響していることはもちろんですが、特に再開反対論者の「過去5年間、ほとんど原発なしでもわが国は大停電もなくやってこられたではないか。だから原発不要は明白」との主張が、世間的には一定の説得力を持っている点も見逃せません。

しかし電力供給の約３割を担ってきた原発が停止しても、大きな支障なく私たちが電気の利用を享受できている裏には、すでに引退状態にあった古い火力発電所までも一斉に現役復帰させ、化石燃料を海外から緊急調達して原発停止分の穴埋めをするという各電力会社の涙ぐましい努力があることを忘れてはなりません。

このために事故後５年間に費やされた追加燃料調達費の総額は約15兆円にのぼりますが、これは全国民が一人当たり12万円を海外に投げ捨てたのに等しいのです。その巨額の出費に加え、事故後安全強化対策のための３兆円を超える出費が重なり、わが国の電力会社の経営体力は急速に劣化し続けています。

この状態がさらに長く続けば、日本社会を支える電気事業という基盤インフラの劣化が避けられなくなります。原発の長期停止は、電気代の上昇も招き、事故前に比べて家庭用で約2割、事業用では約３割上昇し、家計を圧迫するとともに、特に中小の製造業者の経営を苦しめています。こうした現状はデフレからの脱却を目指す日本経済の足を引っ張る大きな要因となっており、いつまでもこの状態が続けば、日本は沈没しかねません。そうした事態を回避するために、新規制基準を満たす原発は早急に運転を再開する必要があるのです。

コラム

金（カネ）と命

福島事故後、有名ミュージシャンの坂本龍一氏は「たかが電気のために命を危険にさらしてはいけない」と脱原発運動の看板スターになりました。

しかしその電気の安価で安定した供給が保証できなければ、日本経済は国際競争に敗れ、経済三等国に転落しかねないのです。下図は欧州諸国のＧＤＰと国民の平均寿命との関係を示していますが、ＧＤＰが一定レベルを割ると、平均寿命が急速に低下する傾向が一目瞭然です。「たかが電気」と言って経済を無視すれば、究極的には国力低下で国民の健康を守るインフラも劣化するのです。命は金に換えられませんが、金がなければ命が縮むのが現実です。

（河田）

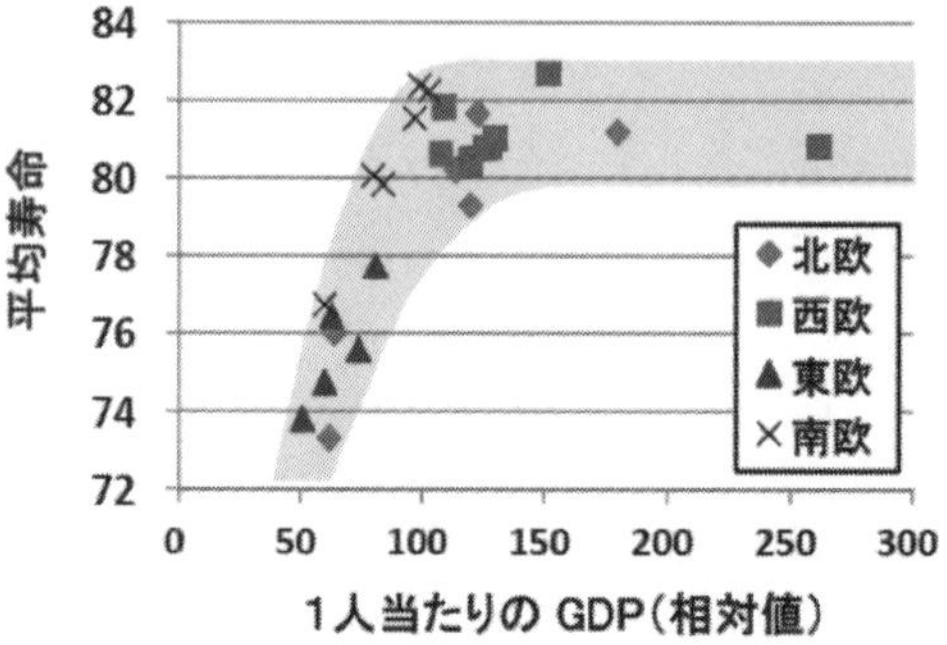

平均寿命
84
82
80
78
76
74
72
0 50 100 150 200 250 300
1人当たりの GDP（相対値）
◆北欧
■西欧
▲東欧
×南欧

第6章 どうする核燃料サイクル

もんじゅ廃炉で勢いを得た核燃料サイクルつぶし

２０１６年12月の政府による高速増殖原型炉もんじゅの廃炉決定は、日本の原子力利用の将来像に暗雲をもたらしました。

福島事故後、日本の大手メディアは、脱原発を主張し、原発再稼働に反対するメディアと、一定規模の原発維持の必要性を説き、再稼働を支持するメディアに二分されてきました。前者の主張は、もんじゅ廃炉決定に勢いを得て、最近は核燃料サイクル廃止キャンペーンへと発展しています。ここでは、こうしたメディアの批判を踏まえ、改めて核燃料サイクルについて考えたいと思いますが、本論に入る前に、少し基本的なおさらいをしておきましょう。

燃えるウラン、燃えないウラン

原子力発電はウランの核分裂エネルギーを利用した発電です。ところで、自然界に存在するウランを「天然ウラン」と呼びますが、実はそのウランのすべてが核分裂を起こすわけではありません。天然ウランは、ウラン２３５とウラン２３８という2種類の同位元素が混じり合ってできています。このうち、現在主流の「軽水炉」という原子炉で燃やせる（すなわち核分裂を起こす）のは、ウラン２３５だけで、全体のたった０・７％しかありません。残りの99・３％は燃えないウラン２３８なのです。

軽水炉のウラン燃料では、燃えやすくするため、「濃縮」という操作を加えて、燃えるウラン２３５の濃度を３～５％程度まで高めた「低濃縮ウラン」を使います。こうして人工的に高めたウラン２３５の濃度を濃縮度と言いますが、濃縮度を90％以上に高めた「高濃縮ウラン」は原爆の原料になります。低濃縮ウランはウラン２３５の濃度が低すぎるので、原爆には使えません。

ウラン燃料は、原子炉内で燃やすとウラン２３５が核分裂で減っていき、一方で核の燃えカスである核分裂生成物がたまってくるため、次第に燃えにくくなります。そのため、ウラン燃料は通常3年程度燃やすと、新しい燃料と入れ替えられ、取り出された燃料は「使用済燃料」と呼ばれます。

使用済といっても実際に核分裂で消費される量は全体の３～５％程度で、もとのウランの95%近くが未使用のまま残ります。一方燃料の大部分を占めるウラン238の一部は、原子炉内で多量の中性子にさらされると、核分裂性のプルトニウムという新しい元素に生まれ変わります。その結果使用済燃料中には重量で1%近いプルトニウムが蓄積しますので、それらも回収すれば、新たな燃料として利用できるのです。

核燃料サイクルの二つの選択肢

原子炉に用いるウランやプルトニウムからなる燃料を、一般的に「核燃料」と呼びます。原子力発電を円滑に進めるためには、核燃料の安定供給の道を確保するとともに、使用済燃料や放射性廃棄物を適切に管理する必要があります。

こうした工程の全体、すなわち核燃料の「揺りかごから墓場まで」を「核燃料サイクル」と呼びます。また、その後半部分、すなわち使用済燃料の後始末の部分を「バックエンド」と呼ぶことがあります。この部分については、現在世界的に二つの方式があり、どちらをとるかは国によって異なります。

第一の方法は「再処理方式」で、「リサイクル方式」とも呼ぶこともあります。使用済燃料中に9割以上残るウランや副産物のプルトニウムを再利用するため、化学分離で回収し、残った核分裂生成物のみを溶融ガラスに溶かし込んで、固めて廃棄物（これを「ガラス固化体」と呼ぶ）として地下深部に埋設処分する方式です。

わが国では、家庭から出るゴミはどの自治体でも丁寧に分別され、再利用可能なものはリサイクルに回し、本当のゴミの部分のみが焼却などの減容を経て埋設処分されていますが、それと同じ考え方です。少し余分な経費は掛かりますが、資源の節約にもなり、環境に優しい方式といえます。

2016年3月時点で、原子力発電の規模が大きい5か国は、上から順に米国、フランス、日本、中国、ロシアですが、米国以外の4か国はすべて再処理方式をとっています。

これらの国はいずれも、将来的にはウランの利用効率を飛躍的に高められる「高速増殖炉サイクル」（後述）を目指しており、再処理方式をとることは、その高い目標に到達するための踏み台という意味合いもあります。ただし、この方式をとる場合には、使用済燃料から回収したプルトニウムを核兵器に転用することがないよう、核拡散防止上の国際ルールを厳格に守ることが求められます。

第二の方法は、使用済燃料そのものを廃棄物とみなして、そのまま地下処分してしまう

「直接処分方式」です。この方式の最大の欠点は、せっかく掘り出した天然ウランを、たった0・6%しかエネルギー源として利用できないことです。一方この方式の利点は、再処理という複雑な工程がないので、その分費用を節約できることに加え、プルトニウム分離が行われないので、核兵器への不正転用を心配する必要がないことです。

この方式を採る筆頭国は最大の原子力発電国である米国ですが、ほかに発電規模が比較的小さい多くの国がこの方式を採っています。

上述のように、バックエンドには2つの選択肢があり、その選択の是非がしばしば議論にのぼるので、この部分のみを指して「核燃料サイクル」という場合もあります。

「食い散らかし」から「燃やし尽くし」へ高速増殖炉は「究極のごみ焼却発電炉」

ここまで論じてきた核燃料サイクルは、今日主流の軽水炉の核燃料サイクル（軽水炉サイクル）のことですが、中心となる原子炉の型式が変われば、核燃料サイクルの姿もそれに即したものに変わります。

軽水炉は、基本的にはウラン235の核分裂のみを利用するシステムであり、再処理でリサイクル利用してもウラン資源全体の１％程度しか有効利用できません。つまり、軽水炉は、ウランのおいしい部分をほんの少しだけつまみ食いして捨ててしまう、大変な「ウラン食い散らかし炉」なのです。

戦後米国で原子力の平和利用が始まった当時、ウランは希少資源とみなされていました。そこで核分裂エネルギーを有効に使うためには、燃えないウラン２３８をプルトニウムに変換しながら燃やすことが必須の要件と考えられました。それを最も効率よく実現する原子炉として考案されたのが高速増殖炉でした。アイダホの砂漠の中に

1951 年 12 月 20 日、米国の実験用高速増殖炉 EBR-I は世界最初の原子力発電に成功し、200ワットの電灯４個を灯した
出典：https://en.wikipedia.org/wiki/Experimental_Breeder_Reactor_I

小さな発電機を備えた実験用の高速増殖炉ＥＢＲ－Ⅰが建設され、１９５１年12月にはじめて4個の電灯を灯すことに成功しました。

人類最初の原子力発電は、実は高速増殖炉で行われたのです。高速増殖炉は端的に言えば「ウラン資源を燃やし尽くす炉」で、ウラン資源の利用効率は軽水炉の60倍以上と飛躍的に向上します。実際にウラン２３８をプルトニウムに変えながら燃やすためには、再処理やプルトニウム燃料製造などの工程が必要であり、これらも含めた全体体系を「高速増殖炉サイクル」と呼びます。

経済性に優れる軽水炉は、発電用原子炉として大成功を収めていますが、それに依存し続ける限り、ウランの食い散らかしが続き、地中のウラン資源は化石燃料とさほど変わらない年限で消耗してしまいます。

軽水炉では燃料として低濃縮ウランを使いますが、濃縮の工程では、もとの天然ウラン量の9割弱がウラン２３５を搾り取られたカスとして残り、「劣化ウラン」と呼ばれます。これまでに世界中で１６０万トン近くの劣化ウランがたまっていますが、それらは軽水炉では全く使えません。

ところが、その膨大な核のゴミは、高速増殖炉で使えば、４００基の１００万ｋＷ級発電所の３０００年分の燃料になるのです。このほか、軽水炉で燃やしきれないプルトニウムも燃料として消費できます。高速増殖炉は、実は、軽水炉が残す膨大な核のゴミを燃料としながら莫大な量の電気を何千年にもわたって人類に供給できる「究極のごみ焼却発電炉」なのです（下図参照）。

原子力は生まれてからまだ70年で、長い人類史から見れば始まったばかりです。ウランのエネルギー利用という観点からは、軽水炉はまだ入口の暫定技術であり、再処理方式をとっても、上述のように大量のウランやプルトニウムをあとに残してしまいます。

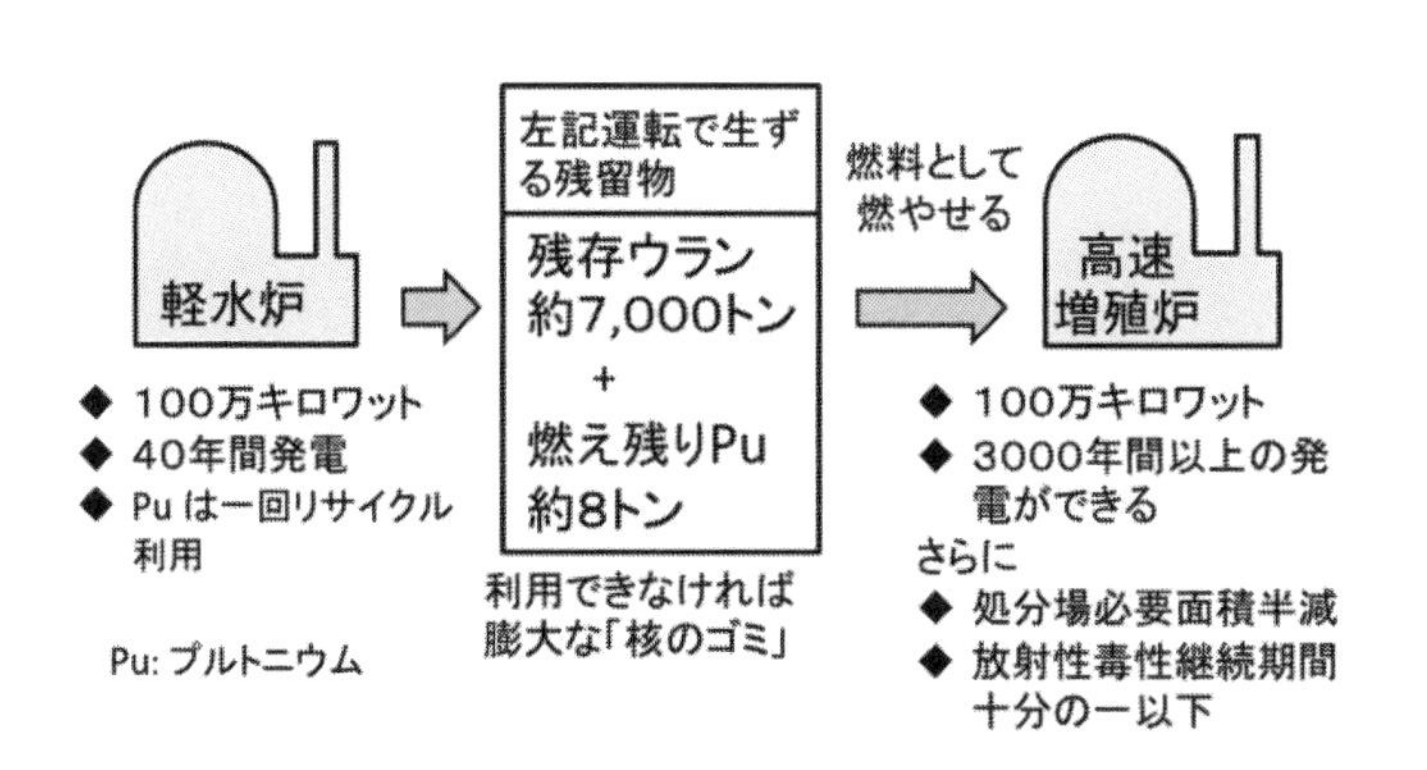

高速増殖炉は「究極のごみ焼却発電」

原子力が世紀を超え末永く人類に貢献できるようにするためには、資源の観点と、ごみ処理の観点の両方から、高速増殖炉サイクルを実現させる必要があるのです。高速増殖炉はプルトニウムを自給自足できるシステムですが、最初の立ち上げ時には大量のプルトニウムを必要とし、その供給元となるのが実は軽水炉なのです。

軽水炉が生み出す大量のプルトニウムによって、高速増殖炉サイクルの立ち上げに必要な分量を生産し、備蓄することができます。軽水炉は、その後に高速増殖炉サイクルが続くことにより、膨大な置き土産の後始末がしてもらえるのです。一方、高速増殖炉サイクルは、その準備段階として軽水炉サイクルを必要とするのです。

軽水炉サイクルと高速増殖炉サイクルがつながることによって、本当のサイクルが完結するのです。再処理方式をとる国々がいずれも高速増殖炉開発を進めているのは、その重要性をきちんと認識しているからです。

米国はなぜ直接処分方式をとるのか?

直接処分筆頭国の米国も、実は1970年代中頃までは再処理方式を積極的に進めてきました。ところが１９７4年5月、インドが突然、プルトニウムを用いた地下核実験を行い、世界中を驚かせました。カナダと米国が平和利用目的で供与した原子炉や資材から生まれたプルトニウムが、この実験に使用されたことに米国は大きなショックを受け、平和目的とはいえプルトニウム利用は全面的に禁止すべきという主張が台頭してきました。

こうした中で１９７７年に政権に就いた民主党のカーター大統領は、当時米国が進めていた大型再処理工場計画や高速増殖炉計画を破棄し、使用済燃料は直接処分するという、劇的な原子力政策の転換を行いました。ウラン資源の利用効率を大きく犠牲にし、核不拡散を最重要視する政策に転じたのです。

カーター大統領は、他の国々にも米国に倣い、プルトニウム利用を放棄させることを目論みましたが、日、英、独、仏などが保障措置の厳格適用でプルトニウム利用と核拡散防止は両立しうるとの立場をとったため、平和利用の再処理やプルトニウム利用の道は閉ざされませんでした。

米国自身はその後今日に至るまで直接処分方式を堅持していますが、それを見てフランス人は、「車の灰皿がいっぱいになると、車ごと捨ててしまうようなものだ」と揶揄しています。

実は、米国でも共和党政権時代には、最終処分問題への負担軽減を狙って、リサイクル路線に戻る検討が行われましたが、その後の政権交代で実を結びませんでした。とはいえ、オバマ政権下でも「将来の核燃料サイクルとしては高速炉でのウラン・プルトニウムのリサイクル利用が最有望」との調査報告が出ており、米国でも将来的な高速増殖炉サイクルの重要性は認識されているのです。

しかし米国は、石炭に加え、最近はシェールガスブームに沸くなど化石燃料資源を豊富に持つ国であり、国土も広大なので、そうした将来技術への真剣な取り組みは先延ばししても困らない、たいへん恵まれた国なのです。

日本はなぜ再処理方式を選んだのか？

日本が原子力利用開発を始めたのは、昭和31（1956）年からですが、当時欧米では、ウラン資源を有効活用するために再処理をしながらリサイクル利用するという考え方はごく当たり前でした。したがって資源小国である我が国が再処理方式を選んだのはごく自然な成り行きでした。

昭和40年代にはフランスからの技術導入で、東海村に小型の再処理工場を作り、回収したプルトニウムで燃料を作る技術開発も並行して進めました。さらにウラン利用効率の飛躍的向上で、資源の足かせからの解放を約束する高速増殖炉技術の開発も開始されました。

わが国は昭和30年ころから高度成長期に入り、急速にエネルギー消費が増え、40年代後半にはその7割以上が、安価に輸入できる石油で賄われるようになりました。そうした中、昭和48（1973）年暮れに始まった石油ショックは原油価格を急騰させ、世界経済を大混乱に陥れました。

わが国では、エネルギー安全保障の強化が強く求められ、脱石油依存の重要な柱の一つとして、原子力発電を積極的に拡大することが国策として決定されたのです。その際、原子力発電を安定的に進めるためには、自立した核燃料サイクルの確立が重要とされ、民間事業としてこれらを強力に進めるために、原燃サービス（再処理事業を行う会社）や原燃産業（ウラン濃縮と低レベル放射性廃棄物処分の事業を行う会社）が設立されました。これら2社がその後合併し、現在の日本原燃になったのです。

核燃料サイクル批判の主要な論点

ここで再びメディアの核燃料サイクル批判の話に戻りましょう。2017年1月30日、朝日新聞は「核燃料サイクル 再処理工場を動かすな」という社説で、再処理放棄を強く主張しました。毎日新聞や東京新聞も、もんじゅ廃炉決定後の社説で同様の主張をしています。こうしたメディアや脱原発NGOなどが再処理に反対する主な理由は、以下の4点に整理できます。

① 再処理方式は直接処分方式に比べコストが高く、経済的に成り立たたず、そのツケが国民にまわされる。
② 再処理方式は二次廃棄物を生み、放射性廃棄物を大量に増やす。
③ 日本は既に原爆6000発分相当のプルトニウムを保有しており、再処理でさらに増やすことは、核不拡散上の大きな疑惑を招く。
④ 究極の目標であった高速増殖炉実現の見通しが立たないうえ、プルサーマル計画も進

まず、再処理・リサイクル政策は破綻している。

核燃料サイクルに普段なじみのない読者の多くは、こうした批判を目にすると「なるほどそれなら再処理など止めてしまうべきだ」と思うでしょう。しかし、こうした批判は、再処理を止めることによって原子力利用を安定的に進める基盤を崩し、早期脱原発に追い込もうという明確な意図をもって行われているのです。

その方向に世論を誘導するために、あえて事実を悪いほうに捻じ曲げてとらえてみせ、不都合な事実は読者には伏せる、という露骨な印象操作が行われています。以下そうした点をいくつか紹介しつつ、メディアやＮＧＯの批判の問題点を明らかにしていきましょう。

再処理は高くつき、コスト負担が国民に転嫁されるという意見は本当か？

前述の社説で朝日新聞は、再処理は「総事業費は約12兆６千億円と見積もられており、国民が大きなツケを背負うことになる」との趣旨の批判を行い、読者に「とんでもないことになる」との心証を与えました。

確かに12兆円という額は個人の日常感覚からすれば途方もない額ですが、これは40年間にわたって国民に大量の電気を供給するために必要な、様々な経費の一部なのです。この額が不当なかどうかは、発電コストにしていくらになるのかを見て判断されるべき問題です。

再処理方式と直接処分方式の経済性比較は、これまで何度か行われてきており、確かに前者のほうがやや割高になりますが、いずれの評価をみても、1kWhあたりの発電コストにすれば、その差は1円未満にすぎません。つまり、仮に再処理をやめたところで、そ

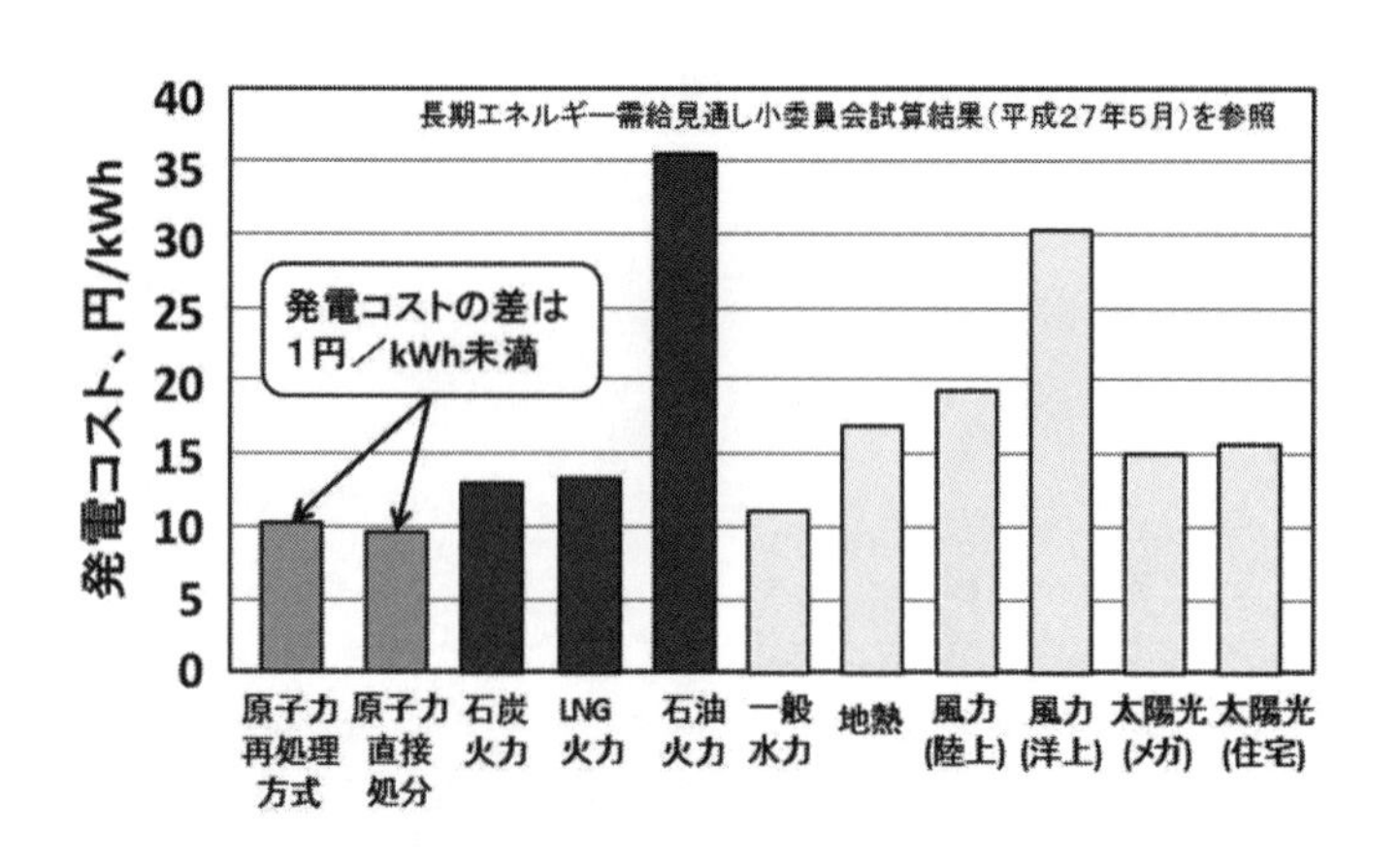

再処理方式による負担増は発電コストにすればほんのわずか

れによる節約は１円未満でしかないということです。

原子力の発電コストは１ｋＷｈあたり10円前後ですが、火力や再生可能エネルギーなど、他の発電手段による発電コストは約13円から40円近くまで、大きく広がっています。２００３年のイラク戦争後、原油や天然ガスの値段が高騰したことがありました。その結果発電コストは石油火力で約10円、天然ガスで３円以上上昇しました。

こうした、他電源における発電コストの大きな開きや、燃料価格変動に由来する発電コストの大きな揺れ幅に比べれば、１円未満の差はまったく目くじらをたてるに値しません（図参照）。

再処理方式は、１～２割の資源節約ができるほか、後述するように処分場が小さくて済むなど様々なメリットがあります。そのメリットは１ｋＷｈ当たり１円未満の経済デメリットを補って余りあるのです。

再処理でかえって廃棄物が増えるなら、なぜ直接処分にしないのか？

高レベル放射性廃棄物の最終処分については次章で紹介しますが、安定した地下深部に埋設する「地層処分」という方式で行われます。廃棄物を地下埋設する際は、安全上の理由で埋設した近傍の地温上昇を一定範囲内に抑える必要があります。そのため、廃棄物の発熱は、処分場の必要面積を決める決定因子となります。発熱が大きな廃棄物はその分まばらにしか埋められず、結果的に処分場の必要面積が増大するのです。

再処理方式で廃棄物となるのは核分裂生成物だけで、その放射能が熱源となりますが、直接処分では、使用済燃料をそのまま捨てるため、燃料に含まれるプルトニウムの発熱が上乗せされます。その結果、単位発電量当たりに

国	人口密度 人/km^2	核燃料 サイクル政策
日本	336	再処理
フランス	113	
米国	33	直接処分
スウェーデン	21	
フィンランド	16	
カナダ	3.4	

地層処分関係国の人口密度の比較

必要とする処分場面積は、直接処分にすると、再処理方式の3倍近くになってしまうのです。再処理で発生する二次廃棄物は、体積的には増えるのは事実ですが、放射能レベルが低く発熱も少ないので、狭い場所に集中的に埋めることができます。したがって二次廃棄物が出ても、処分場必要面積はあまり増えません。

現在直接処分方式による処分計画を進めている国々の人口密度を表に示しましたが、日本の人口密度はそれらの国の十倍以上です。国土が狭く、人口密度が高い日本では、廃棄物処分場が小さくて済むというのは願ってもない大きなメリットなのです。

もう一つの問題は、直接処分ではプルトニウムごと廃棄物として埋めるので、処分場の立地を地元に受け入れてもらう困難さが格段に増すことです。日本ではガラス固化体で処分することに決め、平成14年から処分場の候補地探しが始まりましたが、いまだに見つかっていません。

半世紀以上かけた研究開発で、安全に処分する技術は十分用意されているのですが、「怖さ」が先行し、いまだ事前の地質調査を受け入れてくれるところがないのです。こうした現実を見ると、猛毒と言われるプルトニウムまで埋める処分場の立地は、ほとんど不可能と言ってよいでしょう。

直接処分の場合、使用済燃料を埋設前に50年間以上冷却するための大規模な中間貯蔵施設を各地に建設する必要が生じますが、直接処分の見通しが立たなければ中間貯蔵施設の立地も進まないというのが現実でしょう。

一方、再処理方式を堅持する場合は、そのためのインフラ投資のほとんどが、すでに投入済みです。そのインフラを生かして再処理を進めれば、各地の原発の使用済燃料排出が円滑に進み、中間貯蔵施設の建設はミニマムで済みます。再処理で生まれるガラス固化体の今後50年間の貯蔵に必要な敷地は、六ケ所再処理工場の敷地内にすでに確保済みです。

高レベル放射性廃棄物の処分事業も、直接処分に比べればはるかに国民負担が少ないガラス固化体処分の実現に向けた活動に専念できます。こうした事実を冷徹に見れば、再処理方式の堅持こそが、技術論的にも社会科学論的にも日本国民への負担が軽く、環境により優しい選択肢であることが明らかです。

日本のプルトニウムに海外が懸念を示している？

現在のわが国のプルトニウム保有量は、英仏での委託再処理で回収され、現地保管されている37トンを含め、総量で約48トンになります。これをＩＡＥＡ方式で換算すると「原爆６０００発分」になるとし、これほど膨大なプルトニウムをため込んだ日本は、さらにプルトニウムを生む再処理工場の運転を行うべきではないとの主張が、朝日新聞や反核団体などからなされています。

48トンという量は、右のような言い方をすれば確かにとんでもない量に聞こえます。しかし48トンのプルトニウムは、石油に換算すれば5千万キロリットル（30万トンタンカー１７０隻分）以上に相当し、日本にとっては貴重なエネルギー資源なのです。将来、高速増殖炉を立ち上げる時には、１基あたり15～18トンのプルトニウムを必要とします。当面できる限り軽水炉で燃やすとしても、燃やしきれない分はそういう時代への備えとして備蓄していくべき、大事なエネルギー資源なのです。

そもそも、わが国が保有しているのは、品位があまり高くない「原子炉級」と呼ばれるプルトニウムであり、ある種の核爆発装置なら作れないこともないのですが、発熱が大きすぎるため、ミサイル搭載用の原爆材料にはなりません。つまり、本格的な核武装用には役に立たないのです。

また、その形態も国内に保管されているのはほとんどがＭＯＸ（「ウラン・プルトニウム混合酸化物」を意味する英語の略語）と呼ばれるウランとの混合体で、原爆転用が困難なものです。

ＩＡＥＡの保障措置制度は、そもそも核の不正転用を封じ込めるための制度ですので、多量のプルトニウムとはいえ、その下で厳格に管理されている限り、核拡散を懸念する必要がないものといえます。

２００４年９月、日本は本格的原子力事業を進める国として、世界で初めてＩＡＥＡの「統合保障措置」の適用を受ける国となりました。ここでは統合保障措置の説明は割愛しますが、このことは、何年かにわたる綿密な調査を行った結果、日本の原子力活動については核拡散上の懸念がまったくないことをＩＡＥＡが公式に認めたことを意味します。当時すでに日本のプルトニウム保有量は42トンを超えており、大局的には今とあまり変わらない状況にありましたが、それでもＩＡＥＡはそうした判定を下しているのです。

日本にとって貴重なエネルギー資源であり、核武装には役立たないプルトニウムを、あえてセンセーショナルに「核兵器６０００発分」と呼んで危機感を煽るのは、海外からの批判勢力を呼び込み、日本の核燃料サイクルを貶め、放棄させようとしているからです。
日本人が自ら日本を貶めるという点では、何やら慰安婦問題にも似ています。

再処理政策は破綻しているのでは？

プルトニウムは、核拡散防止の観点から厳しい管理が求められる物質であり、我が国では不要な疑惑を招かないよう「使用目的のないプルトニウムは持たない」との基本方針を内外に示しています。再処理で回収されるプルトニウムはＭＯＸ燃料にして電力各社の原発で燃やす「プルサーマル」と呼ばれる計画が進められ、実際に4基でＭＯＸ燃料の燃焼が開始されていましたが、残念ながら福島事故で計画は止まってしまいました。

その後、原発再稼働に向け、規制委員会による審査が進められていますが、その中にはＭＯＸ燃料使用予定の原子炉が8基含まれており、これまでにすでに3基が運転を再開しています。再処理すると、使用済燃料１００トンあたり1トン近いプルトニウムが回収されますが、基本的に、各電力会社が年間に燃やすウラン燃料の1割をＭＯＸ燃料に替えて燃やすことができれば、回収されるプルトニウムは消費でき、それを上回れば余剰在庫を減らしていくことができます。

当面は、上述8基すべての再稼働を実現したうえで、既存炉でのさらなるＭＯＸ使用許可の獲得や、現在建設中の大間原子力発電所（ＭＯＸ燃料を大量に燃やせる）をしっかりと完成させる必要があります。いろいろと困難な課題がありますが、ＭＯＸ燃料消費に向けて、国や電力会社は最大限の努力をすることが求められています。

英国は核兵器国ですが、国内の原発の燃料再処理で生まれた民生用（すなわち非核兵器用）プルトニウムが１００トン（日本の倍以上）ほどたまっています。その処分法について検討を重ねてきた英国政府は、２０１１年に、今後新たに建設を進める軽水炉でＭＯＸ燃料として燃やすのが最も望ましいとの結論を下しました。

これから建設する原発を使うので、実際にＭＯＸ燃料を燃やし始めるのは２０３０年代になってしまい、全部を燃やすのにはそれから何十年もかかります。彼らは「これは、短距離競争ではなく、マラソンなのだ」と言っています。

この種の仕事は、許認可や関係地元との合意形成なども含め、もともと短期決戦でできるものではなく、辛抱強く時間をかけてやるしかないのです。プルトニウム処理問題に限らず、核燃料サイクル事業全体が、そうした「マラソン事業」です。残念ながら福島事故の影響などで全体計画がきしみ、停滞が出ているのは事実ですが、それをもって「破綻している」というのは、マラソン選手に対し１００メートル10秒で走らないのは失格だと言っているようなものです。

なお、プルサーマル計画で燃やしたＭＯＸ燃料の後始末の道が示されていないとの批判もありますが、ＭＯＸ使用済燃料こそ、高速増殖炉立ち上げに必要な大量のプルトニウムの供給源になるのです。したがってそれらは、当面備蓄し、高速増殖炉を本格的導入する時期が到来したところで再処理するのが最も合理的なのです。

３・11前には、こうした長期政策の検討が開始されようとしていましたが、事故後の混乱で頓挫してしまいました。それが示されないまま今日に至っていることも、「再処理政策は破綻」との批判を招く、大きな要因となっています。原子力に対する逆風が厳しい中、長期ビジョンの検討への心理的抵抗が大きいのはわかりますが、国としていつまでも放置できない問題です。

高速増殖炉は実現性があるか？

わが国では、もんじゅの失敗で高速増殖炉は大変難しい技術であり、いつまでも実現が見通せない技術とのイメージが定着してしまいました。ここでは詳述を避けますが、もんじゅの失敗は冷静に見れば決して技術上の失敗ではなく、国と自治体に挟まれた当事者のガバナンス不足や、規制やメディアの風圧とのせめぎあいが生んだ政治的失敗といえます。

外国に目を転ずれば、ロシアでは、出力60万キロワットの高速原型炉ＢＮ－６００（写真）が、30年間の運転で74・４％の平均稼働率を達成し、その実績をもとに建設されたさらに大型のＢＮ－８００が２０１５年12月には送電を開始しています。

インドでも原型炉の建設がほぼ完成し、引き続き実用炉２基を建設する計画です。フランスや中国も原型炉計画

30 年間平均稼働率 74%を達成したロシアの高速原型炉 BN-600
出典：IAEA ホームページ　https://www.iaea.org/NuclearPower/FR/index.html

などを進めつつあります。安全性の向上や経済性の向上でなお一層の努力を必要とするものの、技術的には高速増殖炉はすでに手に届くところにきているのです。

資源に頼らず、超長期の大量発電が可能な高速増殖炉サイクル技術は、高度な技術は持つが資源に恵まれない日本こそ、率先して開発を進めるべき技術です。もんじゅ廃炉を決定した今、政府は早急にしっかりした開発体制の再構築を図ることが強く求められます。

コラム

模範生・フランスの核燃料サイクル

世界第2の原発大国フランスは伝統的に再処理政策を堅持してきたため、ウラン使用済燃料全量再処理の体制が完全確立している。フランス電力会社ＥｄＦの報告によれば、２０１２年の原子力発電（原子炉58基）は総発電量の88％を占め（約４千億ｋＷｈ）、約１２００トンの核燃料を使用した。そのうち、１２０トンがＭＯＸ燃料、75トンが回収ウランの再濃縮燃料で、残り約１０００トンが通常のウラン燃料であった。

毎年１０００トン強発生するウラン使用済燃料は、全量再処理され、回収される10トンのプルトニウムから１２０トンのＭＯＸ燃料が生産される。現在24基（２０１２年時点では22基）でＭＯＸ燃料が燃やされており、生産される全量のＭＯＸ燃料が消費されているのである。

ＭＯＸ使用済燃料の取り扱い方針も明快で、当面は再処理せずに高速増殖炉時代を迎えるまで備蓄することにしている。高速増殖炉立ち上げ期にはプルトニウムを大量に必要とするので、プルトニウム濃度が高いＭＯＸ使用済燃料の備蓄はそのための備えとして欠かせない。またＭＯＸ使用済燃料中のプルトニウムは、原子炉級プルトニウムよりも品位が落ちるので、原爆への転用は一層困難になり、核不拡散上もより好ましい貯蔵形態になる。

その一方で、これまで70トンを超えるＭＯＸ使用済燃料の試験再処理も行い、現行技術でも再処理が可能なことも実証している。また、回収ウランについても全量ではないにしても約６割が再濃縮・再利用に回されている。

こうして、フランスでは、将来へのツケをミニマムに抑え、余剰のプルトニウムを残さない再処理・リサイクル体制が10年以上前から完全整備されている。高レベル放射性廃棄物（ガラス固化体）の処分計画も、広域の処分場候補地がすでに確定しており、具体的な処分場建設地を絞り込むための準備が着々と進められている。直接処分に固執し、ヤッカマウンテン処分場計画破綻で、長期貯蔵の使用済燃料が際限なく増え続け、電力会社による訴訟が多発している米国に比べれば、フランスの原子力ははるかに優等生だ。日本もこれまでフランス同様の道を目指してきたが、これからも鏡とすべきはフランスであり、決して米国ではない。

（河田）

コラム

「一本のマッチ」の警告

1956年、米国の地質学者ハバート(M. King Hubbert・ピーク理論の提唱者)はテキサスで開かれた石油関係者の学会で、地質学的に見た化石燃料の賦存量(理論的に導き出された総量)は有限であり、長い人類史の中では一瞬ともいえる数百年で使い尽くされてしまうという警告を発し、こうした人類による化石燃料消費の姿を「長い闇世の中の一本のマッチの閃光」に例えました。またハバートは、化石燃料枯渇後は原子力(増殖炉)が何世紀にもわたって人類を支えるエネル

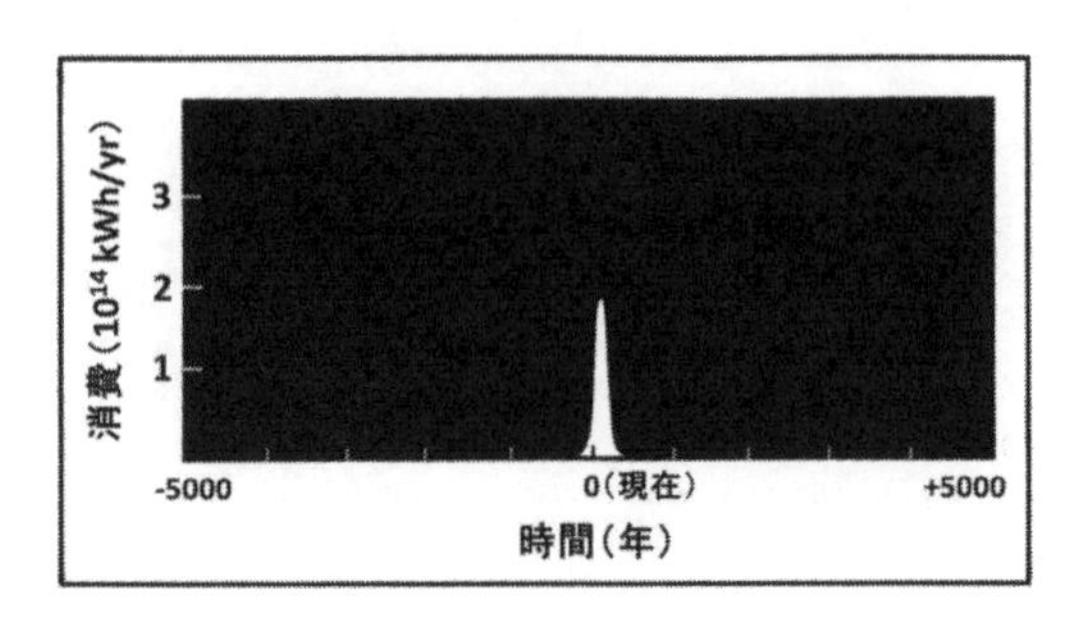

「人類による化石燃料消費の増加と減退は、長い闇夜の中の一本のマッチの閃光のようなものだ」(M.K. ハバート)

ギー源となりうることを示唆しました。

昨今の２０３０年をにらんだエネルギー政策論議では、ハバートの「一本のマッチ」の警告は時間のスパンが長すぎ、登板の機会を与えられませんが、彼の警告の本質的重要性は今日でも全く変わっていません。エネルギー資源に関しては先進国中最貧国といえるわが国では、エネルギー安全保障の重要度は、他の国々に比べ格段に高いと言わざるを得ません。それゆえに我が国は、10年、20年という近未来だけでなく、１００年以上先まで見通すビジョンに裏打ちされたエネルギー政策を必要としており、その一部としての原子力政策も、そうした長い時間軸の中での役割を見通しつつ立案され、実行されていく必要があります。特に「マラソン的大事業」である核燃料サイクルはまさに「国家百年の計」として推進されなければならないのです。

（河田）

第7章

解決できる「トイレなきマンション」

「核のゴミ」の処分はどうする?

再処理方式を進めるわが国において、「核のゴミ」の主役である高レベル放射性廃棄物とは、燃料の「燃えカス」、すなわち核分裂生成物をガラスに溶かして固めた「ガラス固化体」のことをいいます。

放射性廃棄物の最大の特徴はもちろん、その有害性が化学的毒性ではなく放射能を持つこと、すなわち人体に有害ないろいろな放射線を出すことにあります。そしてもう一つの大事な特徴は、廃棄物が持つ放射能(放射線を出す能力)は、時間の経過とともに減衰していくことです。ヒ素や水銀などの化学的有害物の場合、その有害性は永久に消えませんが、放射性廃棄物の有害性は、時間とともに減少していくのです。

ただし、「核のゴミ」に含まれる放射性物質は様々で、比較的短時間のうちにどんどん消えていくものもあれば、中には半分に減衰するまでに何万年も何百万年もかかるものもあります。結果的に、「核のゴミ」の放射能が十分低下するまでには、万年単位の時間を必要とすることになります。

以上のような特徴を持つ「核のゴミ」を安全に処分するために考え出されたのが、数百メートルの深さの安定した岩盤中に埋設する「地層処分」という方式です。この方式は原子力利用を進める主要国のすべてが採用していて、今日ではいわば「世界標準」の処分方法といえます。

実際の処分事業は現在、フィンランド、スウェーデン、フランスなど欧州が先行しています。２０２３年に処分場の操業開始を目指すフィンランドでは一昨年暮れに建設許可が下り、昨年末からいよいよ処分トンネルの掘削工事が開始されました。スウェーデンでも処分場が決まっており安全審査が進行中です。フランスではすでに特定されている広域の候補地の中から、さらに具体的な処分場建設地を絞り込み、安全審査を始めるためのいろいろな準備が進みつつあります。

以下に、「地層処分」について少し詳しくご紹介しましょう。

地層処分では「自然の原理」が安全を守る

万年単位の時間を要する「核のゴミ」の処分を安全に行う上で、考えなければならない重要な点は、安全確保を要する時間の長さが、人類の文明史を超える長い期間にわたるということです。その場合、施設の保守や監視など、人間による管理がきちんと行われてはじめて、安全が保たれるような処分方式に頼ることは適当ではありません。これから先の長い歴史の間には、戦争や自然の大災害が起こらないことなど保証できませんし、国家の存続すら保証できませんので、人間による超長期の管理も保証できないからです。

そこで考え出されたのが、万年単位の安全管理を不変の「自然の原理」に委ねる「地層処分」という処分方式（図

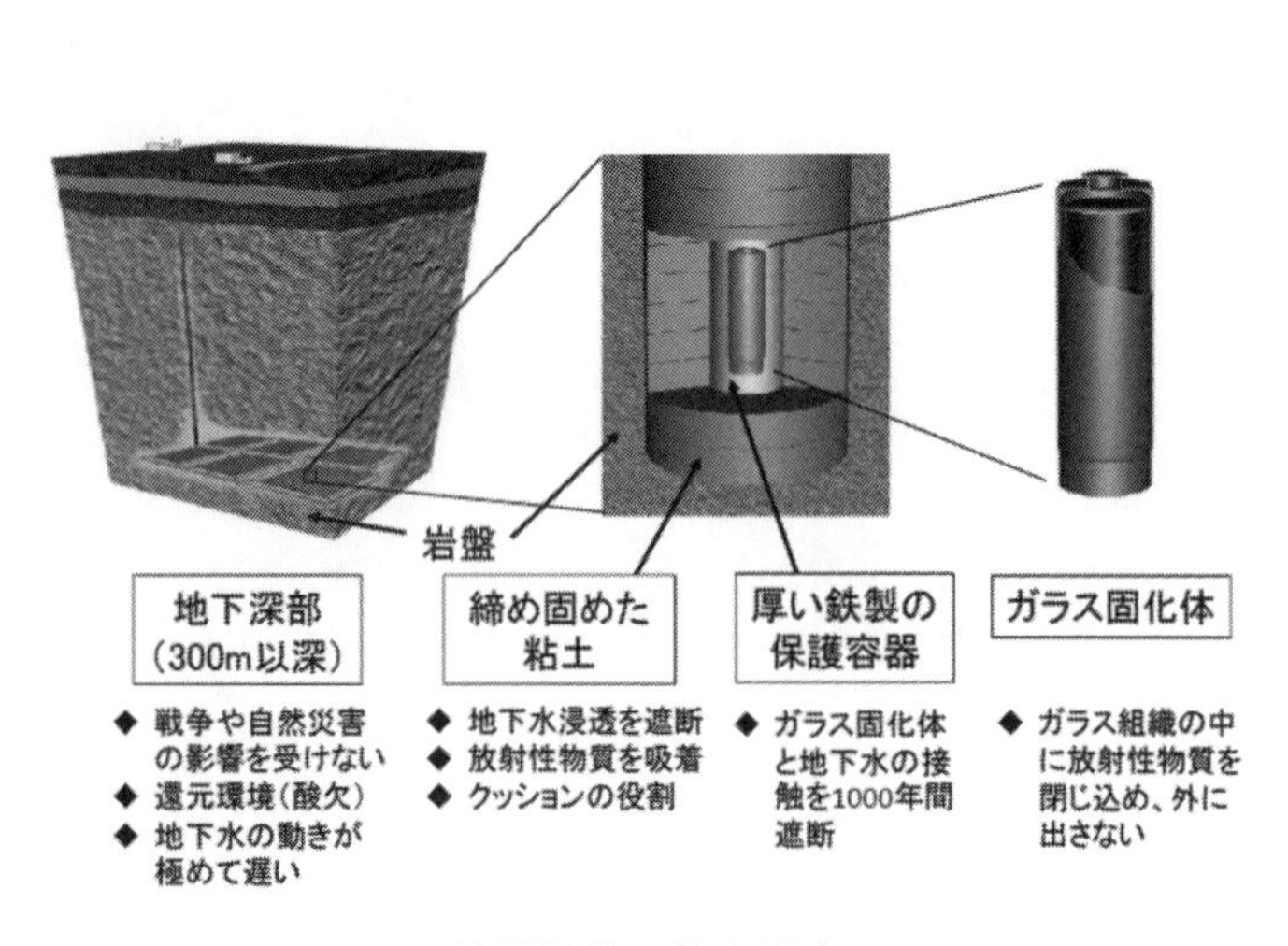

地層処分の基本概念

参照）です。わが国で計画されている地層処分の要点を簡潔に述べれば、

（１）核の「燃えカス」は溶融したガラスに溶かし込んで固めて安定化させる（既に述べた通り、これを「ガラス固化体」と呼びます）

（２）地下３００ｍ以深の安定した地盤に埋設する

ということになります。なんだ、そんなことかと思われるかもしれませんが、それぞれ、「自然の原理」の利用という点で、以下に紹介するような重要な意味を持つのです。

エジプトの古代ガラスの色は３０００年後も色あせない

ガラスはいろいろな元素を溶かし込む性質があり、いったん溶け込んだ元素は、ガラス自体が溶けでもしない限り、外に抜け出ることはできません。ガラスにいろいろな元素を溶かし込むとその元素特有の色が付きます。色ガラスを作る原理です。色ガラスは古代のエジプト時代から作られていますが、その色は３０００年以上たった今も色あせしません。

ガラスが元素を閉じ込めるという自然の原理を、長い歴史が証明しているのです。

原子炉の燃料の「燃えカス」である核分裂生成物は、ウランの原子核が二つに割れることによって生まれる元素です。ウランの原子核の割れ方は一様ではなく、二つの破片の大小はその都度異なるので、様々な元素が生まれます。それらのほとんどが不安定であり、放射線という形で余分なエネルギーを放出することで、安定化していきます。核分裂生成物が強い放射線を出すのはそのためです。

様々な元素の混合物である「核分裂生成物」を、色ガラスの原理でガラスに溶かし込んで固めてしまえば、放射性元素とはいえ、ガラスから抜け出ることはできなくなります。したがって核の燃えカスは、ガラス固化体に固めて人間が近づくことができないところに隔離し、静かに眠らせれば、ガラス自体が溶けない限り、人間生活に悪害を及ぼすことはなくなるのです。

ガラス固化体の放射能が十分低下するまでには、前述したように万年のオーダーの時間がかかります。しかし、ガラスに固めた直後の強烈な放射能も1000年後には3000分の1に減ります。こうなれば、もはや低レベルの廃棄物であり、高レベル放射性廃棄物といっても、その放射能がいつまでも高いまま続くわけではないのです。

したがって、最初の１０００年を非常にしっかり閉じ込めておけば、その間に廃棄物自体の危険度は相当に低下してきており、その後は仮に時間の経過とともに閉じ込め機能が低下するとしても、全体的な危険度があがることにはならないのです。一方ガラス自体の、いったん溶かし込んだ元素は外に出さないという性質は、１０００年以上たってても変わるものではありません。

卑弥呼時代の脳を守る酸欠環境

地層処分では、廃棄物を３００メートル以深の地下の安定した地盤に埋設します。これだけ深いところに埋めれば、放射線は完全に遮られますし、人間が近づけなくなるからです。

また、地下深部では地上の戦争や自然の大災害の影響も避けることができます。そして、もう一つ非常に大事な点は、３００メートルよりも深い地下は完全な酸欠状態が保証されるということです。酸欠状態の環境を専門用語では、「還元環境」と呼びますが、そうした環境では、物質の錆びや腐食、溶解などがきわめて起こりにくくなるのです。腐食などの現象は、基本的には酸化、すなわち酸素との化学反応によって引き起こされる現象なので、そのために必要な酸素がなければ腐食などは進まないのです。

最近、菓子類など様々な包装食品に「脱酸素剤」が入っているのを読者の皆さんはご存知でしょう。完全な無酸素状態にはできませんが、包装内の酸素を減らすことで酸化を遅らせ、食品を長持ちさせているのです。

2001年、鳥取県の青谷上寺地遺跡というところで世界的にも奇跡的な発見がありました。土中から発掘された弥生時代の人骨の頭部から脳が発見

青谷上寺地遺跡で発見された弥生時代の人間の脳。酸欠環境が1800年もの間腐食を防いだ
出典：井上貴央著「青谷の骨の物語」鳥取市社会教育事業団発行（2009年3月）

されたのです。今から１８００年前、すなわち卑弥呼の時代の人間の脳が腐らずに残っていました。死体が粘土質の湿地に倒れ込んで埋没し、そのまま完全酸欠状態の中に閉じ込められたため、腐食をのがれたのです。

「還元環境」が、腐食や溶解を防ぎ、物質を非常に長期にわたって保持するという自然の原理が働いたわけです。万年にわたる管理は人間の手では不可能でも、地下深部に預ければ、「自然の原理」が万年でも物質をしっかりと閉じ込めてくれる。卑弥呼の時代の人間の脳が腐らずに保持されるような環境なら、ガラスが溶ける可能性は無限に小さいでしょう。

百万年眠る地下水……日本にも処分の適地はある

先の東日本大震災以来、有識者といわれる人達からも「そもそも地震大国の日本には処分場の適地などない」といった議論が広まっています。感覚的にはたいへん納得しやすい意見かもしれませんが、本当でしょうか？

わが国で地層処分の研究を長年行ってきている日本原子力研究開発機構は、北海道幌延町に深さ300メートルの研究坑道を掘り、いろいろと地下深部の状態を調べています。そこで地下深部の水の年代測定を行ったところ、百万年以上という結果を得ることができました。

ある地震学者は、日本付近では10万年の間に東日本大震災クラスの地震が600回ほど発生すると言っていますが、それほどの地震大国の日本にあっても、地下深部で100万年より古い水がそこにとどまっているところがあるのです。

こういうところにガラス固化体を埋めれば、地下水に多少の放射能が溶け出たとしても、そこに留まり続けて放射能が減衰してしまいますので、地表環境に影響は及びません。

このことは日本でも処分が可能な場所が現実にあることを端的に物語っているのです。古代の水が残るのは幌延の特異現象ではなく、地下深部で広くみられる一般的傾向です。地層処分の観点からは、地下水の滞留は1万年でも放射能減衰には十分有効であり、そうした地域も含めれば処分場適地はもっと広く存在します。

こうした事実も含め、きちんとした科学調査を行えば、わが国でも地層処分に適した場所をみつけることは十分可能なのです。

「飽和濃度」という自然の鎧

地下深部に古代の水が残るということは、水の動きが極端に遅いということです。読者の皆さんは、理科の勉強で「飽和濃度」という言葉とその意味を習ったはずです。多く無機物は、水に溶かし込むと、ある一定濃度に達するまでは溶けますが、それを超えると溶かすことができなくなり、その濃度を飽和濃度と呼んでいます。いわば水の「満腹」状態をあらわします。

地球上の地表付近に存在する元素で最も多いのは酸素ですが、２番目はケイ素で、両者合わせ、重量比で四分の三を占めます。この二つの元素は「ケイ酸塩」となり、地球上の様々な岩石の主成分となっています。岩石は難溶性ですが、科学的に厳密にいえば、全く溶けないわけではありません。しかし、岩石に接する地下水の動きが小さければ、水は岩石の主成分であるケイ素で飽和してしまい、岩石はそれ以上溶けなくなります。「飽和濃度」という自然の鎧が岩石の溶解を防ぐのです。

こうした「飽和濃度」の鎧効果は、ガラスで固めた多くの放射性元素に対しても働き、一定限度以上の溶出を抑えます。そもそもガラス自体、主成分がケイ酸塩の一種である二酸化ケイ素（シリカ）なので、ケイ素で飽和している地下水では溶解が抑えられます。地下深部では、先に述べた「還元環境」と「飽和濃度」という二重の鎧に守られて放射能の超長期閉じ込めが保証されるのです。

300本の一升瓶を守った地下

近くで大地震が起こると処分場が破壊されるのではないかと心配される方もたくさんおられると思います。東日本大震災や最近の熊本地震の惨状を見れば、そうした心配をされるのも無理もないことでしょう。しかし、一般的には地震時の揺れは地下では地表に比べてはるかに小さいという事実を理解していただくことは、地層処分の問題を考えるうえでは大変大切なことです。

宮城県栗駒市の旧細倉鉱山は今は閉鎖されていますが、一部が地下体験パークとして公開されています。先の東日本大震災時の揺れは地表では震度5強（栗原市は宮城県でも最も揺れが大きかった地域で、市内の揺れは震度7）でしたが、たまたま坑道内にいた見学者は地震に気が付きませんでした。

また坑道の奥には鉱山の安全を祈願する山神社がありますが、今はそこに地元の酒を寝かせて古酒を作る「古酒蔵」が設けられています。震災時には、棚に約３００本の一升瓶が保管され、神社にも20本が供えられていましたが、一本も倒れませんでした。地震時の揺れが、地下では地表に比べいかに小さくなるかを物語っています。

20世紀に起きた地震で最大の被害をもたらしたのは、１９７６年に中国の河北省唐山市で起きた唐山地震で、１０７万人の市民のうち約15万人が死亡しました（市外を含めた死者総数は約24万人）。実に７人に１人が死亡したことになります。

市内には開灤（かいらん）炭田という中国でも有数の規模を誇る炭田があり、地震当時地下５００～８００メートルの深さの坑道で約１万人が働いていましたが、死者はたったの17人でした。地下での死亡率は約５９０人に１人で、人的被害は地表に比べ驚くほど少なかったことが分かります。日本の震度にすると、地表は震度７の激震であったのに対し、地下５００ｍ以深では断層近傍で震度５相当だったほかは、ほとんどの場所で震度４相当であったと評価されています。

これらの事例は、ガラス固化体は地上に保管されている時よりも、地下深部に埋設した後のほうが、地震被害という点でははるかに安全になるということを示唆しています。

最悪の事態、処分場で活断層の直撃が起きたらどうなる？

廃棄物、つまりガラス固化体は、地下の岩盤の中に埋め込まれますので、仮に近くで巨大地震が起きても、揺れそのものでは特に被害を受けることにはなりません。しかし、そこを活断層が直撃したらどうなるのでしょうか？

基本的に処分場の場所を決める段階で、綿密な調査をして、活断層があるところは避けます。しかし、万が一の場合にどうなるのかは、特に処分場受け入れを検討する地域の地元の人々にとっては最大の関心事となるでしょう。

地層処分にかかわる研究開発を行っている、日本原子力研究開発機構でその問題を評価した事例がありますので、その一部を紹介しましょう。

評価では、ガラス固化体埋設から１００年後に処分場が活断層に直撃されると仮定します。活断層の直撃を受けた固化体のガラスは粉体化し、放射性元素の閉じ込め効果は瞬時に失われると仮定します。

またその時点で地下水は酸素を含んだ水に置換されて「還元環境」の鎧は恒久的に失われ、さらに地下水流量が一挙に１００倍に増えて元に戻らないと仮定します。現実には、活断層直撃でガラスが完全粉体化することなどありえませんし、断層活動によって、地表の酸素を含んだ水が一時的に地下に流入するとしても、酸素は地下の微生物や鉱物成分に奪われてしまうので、実際には地下環境は次第にもとの酸欠状態に戻ってしまいます。

こうした現実を無視した極端な仮定の下で、放射性元素が溶け出して地上に昇ってくることによる近隣住民の被ばくは、年間5ミリシーベルトと評価されました。これは北欧の人々の自然界からの年間被ばくにほぼ等しく、住民避難の必要性など全くありません。ありえないような厳しい仮定の下でもこの程度ですから、「万が一」の場合でも全く怖がるに及ばずということです。

感覚的処分悲観論からの脱皮を！

わが国では、「核のゴミ」の地層処分に関する研究は40年ほど前から開始されました。その結果、火山や断層などが多いわが国でも処分の適地はあるという評価が下され、実際に処分を行う場合の安全性を高める様々な技術の開発や、超長期の安全性を評価する技術の開発が進みました。

そうした成果を踏まえて、「核のゴミ」を地層処分する方針が政府により正式決定され、2000年にはそれを実施するための基本法が制定されました。この法律によって、処分の候補地を段階的な調査を経て決めていく手続きや、処分を実施するため組織の設置が決まり、電気料金の一部から処分場を建設し、運用するのに必要な資金を積み立てる制度もできました。

2000年秋には、処分を実施する組織として「原子力発電環境整備機構」（NUMO）が設立されました。NUMOは、処分の候補地探しの第一段階の文献調査に参加してくれる自治体を公募で募り、2006年に高知県の東洋町が応募しましたが、強い反対運動に遭い、応募は撤回されました。それ以来目立った進展はなく、文献調査に入れないまま今日に至っています。

東日本大震災以降、国は、将来世代の選択肢を奪わないための可逆性・回収可能性の担保や科学的有望地の提示などを盛り込んだ新たな方針を示し、実施主体のNUMOとともに停滞した処分事業を前に進めようとしています。しかし、その前に立ちはだかっているのは、政治家や知識人を含む国民各層に蔓延している地層処分の実現性に関する感覚的悲観論です。小泉元首相までが「日本には捨てる場所がない」と処分悲観論をまき散らして脱原発を訴えるようになりました。

地層処分は、なかなかわかりにくい事業であり、その安全性を技術的にきちんと説明しようとすればするほど、話がむつかしくなってしまい、一般の人々は追いつけなくなるのが実情でしょう。小泉元首相もおそらくその一人だったと思われます。

そこで、ここでは、超長期の安全を何によってどのように達成しようとしているのか、その根底の考え方のみをご紹介してみました。読者の皆様が、少しでも「なるほどそうだったのか」と感じ、感覚的処分悲観論から抜け出るきっかけをつかんでいただければ幸いです。

コラム

北方領土に「日露原子力開発特区」を！

2016年12月、山口県長門市で開催された日露首脳会談で、安倍総理とプーチン露大統領は、懸案の北方領土や日露平和条約問題のほかに、経済協力の推進についても合意しましたが、その一環として日露のエネルギー協力プロジェクトについての話し合いが進められている模様です。いつまでも領土問題に拘っているとにっちもさっちも行かないので、領土問題はしばらく横に置いて、当面両国間で可能な分野で協力活動を積み上げ、相互信頼醸成を図っていこうとする狙いは、基本的に歓迎すべきものだと考えます。

そこで、この際思い切った新しいアイデアを一つ。ずばり、北方4島のどこか適当な島に「日露原子力開発特区」を設置したらどうだろうかという提案です。

福島事故以後日本の原子力は長引く逆境に苦しんでおり、原発再稼働が遅々として進まないだけでなく、次世代の新型炉の研究開発や核燃料サイクル関連の研究開発も停滞しています。そのため、将来の研究開発を支える人材の教育・訓練の機会が縮小しています。

他方、ロシアでは、原子力活動は全般的に順調に進んでいる模様で、とくに高速増殖炉開発の分野では、世界で最も実績を挙げています。例えばウラル山脈のベロヤルスカヤ原子力発電所では、すでに稼働中のナトリウム冷却高速増殖炉「ＢＮ６００」（六〇〇ＭＷｅ）に加えて、「もんじゅ」の約３倍の出力を持つ「ＢＮ８００」（八八〇ＭＷｅ）が２０１６年11月初めにグリッドに接続され、ウラル地域への電力供給を開始したと伝えられています。もし、このような「日露原子力開発特区」が設置され、日露共同プロジェクトが実現すれば、そこから得られる知見は、日本の将来の高速炉計画などにも十分生かされるでしょうし、若手の研究者の育成の場としても活用できると思います。

さらに将来的には、地質調査をした上で、地震や津波の恐れのない適地が見つかれば、そこに高レベル放射性廃棄物の最終処分のためのパイロット施設を建設することも考えられるでしょう。

この「特区」では日露いずれかの国の基準や規則ではなく、国際基準が適用され、双方の研究者が自由に出入りできるようにする、さらに、国際原子力機関（ＩＡＥＡ）との提携により、日露以外の国からも研究者を受け入れる仕組みにすれば一層効果的と思います。

このような形で日露が重要プロジェクトを共有することによって相互理解と信頼が深まれば、日露関係は長期安定化するでしょうし、その過程で領土問題を含む両国関係正常化の糸口が見つかるのではないでしょうか。過去の歴史に縛られたまま、いつまでも曖昧な状態を続けるよりも、現実的な未来志向型に頭を切り替えて、ウィン・ウィンの関係を構築する方が双方の国益に資するのではないでしょうか。日露両政府の一考を望む次第です。

（金子）

第8章

この一年が日本の正念場

六ケ所再処理工場と日米原子力協定問題

核燃料サイクルの要　六ケ所再処理工場

これまで見てきましたように、日本は今、このまま反原発ムードに流されて、「原発ゼロ」の方向に向かうか、それとも踏ん張って原発再生復活の方向に進むかの大きな岐路に立っていると思います。もし「原発ゼロ」の方向に舵を切れば、福島事故の後始末をしたり、廃炉を担当する専門家がいずれ払底するだけでなく、日本の中長期的な電力供給体制が崩れ、エネルギー安全保障に甚大な影響が生ずることは火を見るより明らかです。何度も繰り返しますが、エエルギー・電力は社会の血液であり、この確保を怠る国が衰亡の道を辿ることは、東西古今の歴史が示すとおりです。

こうした状況の中で、今とくに気になるのは、日本の原子力政策の要である核燃料サイクル政策、とりわけ使用済み核燃料の再処理問題の行方です。再処理に関する技術的な説明は第6章で詳述されているので、ここでは繰り返しません。

最も重要なのは、青森県下北半島の六ケ所村で建設中の再処理工場です。１９９０年代初めに着工してから完成予定時期が何度もずれ、いまだに本格的操業に至っていません。

六ケ所村再処理施設（日本原燃株式会社 HP より）

工場は事実上完成していて、原子力規制委員会の認可を待つばかりの状態なのですが、福島事故後再処理事業に関する規制基準が格段に厳しくなったために、いまだに「合格証書」をもらえず、操業開始に至っていません。それはそれである程度止むを得ない面もありますが、問題は本格操業が遅れている間に、国内や海外の反原発・反再処理派グループが同工場について様々な「ニセ情報」を流し、反対運動を煽っていることです。

反対派の狙いは、2016年末、高速増殖原型炉「もんじゅ」（福井県敦賀市）を廃炉に追い込んだ余勢を駆って、六ケ所再処理工場を潰し、それによって使用済み核燃料の行き場をなくし、「トイレなきマンション」という汚名を着せたまま原子力そのものを葬り去ることにあるとみられます。

そのために反対派は、「日本政府が六ケ所工場に拘るのは、〝潜在的核抑止力〟としてプルトニウムを大量に確保したいからだ」などと主張しています。そして、彼らは、米国やヨーロッパの反核・反原発団体と密接に連携して、六ケ所再処理工場に対する反対運動を盛り上げようとしているわけです。そこで彼らが着目したのは、2018年7月に迫った日米原子力協定の「満期」という政治的、外交的なカードです。そこで本章では、国内の原子力活動と日米原子力協定の関係という、一般市民にはなじみの薄い話題について、過去の歴史を遡って、少し丁寧に説明しておきたいと思います。

日米原子力交渉（1977〜88年）のウラ話

カーター政権時代の米国との再処理交渉（１９７７年）で最も問題となったのは、当時完成間近だった東海再処理施設の運転問題でした。六ケ所工場より一回りも二回りも小さい、パイロット工場でしたが、フランスから導入した技術を基に、日本が独自に建設した再処理施設です。この施設の建設計画は１９６０年代から始められていたもので、当然米国も承知していたはずですが、１９７４年のインドの核実験を契機に、米国やカナダ、オーストラリアは急に核拡散問題を警戒しはじめ、ウラン燃料の供給国として輸出規制を強化し始めたわけです（当時も現在も、日本で使用される原発燃料の多くは、カナダ産やオーストラリア産の天然ウランを米国やフランスなどに持って行って、３％程度に濃縮してもらって、それを日本の原発で使うという形をとっています。従って、カナダ、オーストラリア、米国は供給国として対日規制権を持っているわけです）。

特に米国は、米国産の核燃料（濃縮ウラン）については、輸入国が勝手にこれを再処理したり、20%以上に再濃縮することは認めないと通告してきました。当時の日米原子力協定では、米国で濃縮されたウラン燃料については日米両政府の「共同決定」がなければ再処理できない、つまり米国の事前同意がなければ再処理できないと規定されていましたから、東海再処理施設の運転についてストップをかけてきたのは、法的には当然と言えば当然のことです。そこで、日米両国間には、同施設の運転問題を巡って、「運転を認めよ」、「いや運転は認められない」ということで、かつてない激しい意見の対立が生じたわけです。この交渉は戦後の日米外交でも特筆される難交渉でした。

双方の主張は当初、全くの平行線でした。すなわち、日本側が一貫して、資源小国日本にとって原子力は「準国産エネルギー」として必要不可欠であり、かつウラン資源の有効利用という観点から、再処理とそこから出てくるプルトニウムの再利用（リサイクル）は欠かせないということ、つまり、エネルギー安全保障が基本だという主張です。

他方、核拡散を懸念する米側が終始問題視していたのは、再処理して出来たプルトニウムをどうするのかという、いわゆる「プルトニウム・バランス」問題でした。さらに米側は、ウラン資源は比較的豊富にあるから、わざわざ金をかけて再処理せずに、一度原子炉で使ったらそのまま捨てる、いわゆる「ワンススルー」（直接処分）方式でいいではないか、とも主張してきました。

これに対しては、我々は、日本のプルトニウムは、「もんじゅ」だけでなく「ふげん」（新型転換炉ＡＴＲ）でも使うし、さらに普通の原子炉でも「プルサーマル」で使うから大きな余剰が生ずることはない。「ワンスルー」（直接処分）方式は資源の無駄使いで賛成できない。日本が再処理とプルトニウム利用をやっても、核兵器不拡散条約ＮＰＴを前年の１９７６年に批准し、厳格なＩＡＥＡ査察（保障措置）を全面的に受けるのだから心配ないはずだ等と、強く抗弁しました。

また、新しい商業ベースの大型再処理工場の建設についても――当時はまだ青森県六ケ所村に建設されることは具体的に決まっていなかった――米側は懸念を表明しましたが、結局日本側の説明を了解し、あまり他国（韓国、インド、イランなど）を刺激しないように静かに計画を進めるということを条件に、同意してくれました。

厳しい外交交渉の末に、ようやくたどり着いた最終的な合意は、東海再処理施設では「2年間99トンまで再処理してもよい」という内容でした（東海施設の処理能力は２１０トン/年）。ただし、いくつかの条件付きでした。

まず、この2年間というのは、カーター大統領自らの提唱で、１９７７年11月から「国際核燃料サイクル評価」（International Nuclear Fuel Cycle Evaluation= INFCEインフセ）という大規模な国際検討作業が約2年間にわたって実施されることになっていたことと関連があります。日本は、東海再処理施設で得られた運転実績データをＩＮＦＣＥの検討材料として提出し、その国際作業に積極的に協力するということが条件として加わっていたのです。米側としては、ＩＮＦＣＥをやれば米国の主張通りの結果が得られると踏んでいたようです。

結果的には、しかし、日本が、ドイツ（当時は日本以上に原発に積極的）とがっちりスクラムを組み、英仏の支援を得て、大いに奮闘努力したので、ついに「ＮＰＴ国際査察を全面的に受け入れた形で行えば、再処理活動が直ちに核拡散につながることはない、つまり再処理と核不拡散は両立可能である」という真っ当な結論を得ることに成功しました。米国としては、当初の目論見が外れ、不本意な結果になったわけで、以後は、米国は多国間交渉から2国間交渉方式に切り替えるとともに、「核不拡散法」（１９７８年）という国内法を制定して、それをベースに各国別に交渉するという戦略をスタートさせたわけです。

ちなみに、先述の通り、当時有効であった日米原子力協定（1968年発効）では、米国産の核燃料を再処理したり、委託再処理のために英仏に搬出するときは、必ず事前に米国の同意を、その都度その都度（case by case）取得しなければならなかったので、極めて手続き的に煩雑で不安定でした。そこで、日本側は原子力計画の実施上、case by case方式では不都合だ、一定の予見可能性が是非必要だと繰り返し強く主張しました。わが方の主張が次第に認められる中で、いわゆる「プログラム方式」による「長期包括的事前同意方式」を編み出し、体系化に成功。それが、その後ほぼ10年にわたる日米原子力交渉でさらに精密化されて、現行の日米原子力協定（１９８８年発効）の基本になっているわけです。この方式は、現行の日加、日豪原子力協定などでも踏襲されています。

このような形で、めでたく日本は再処理の権利を獲得しましたが、それはあくまでも例外的な扱いということで、非核兵器国でありながら単独で再処理権を認められているのは日本だけです（ドイツ、イタリア、ベルギー、スイスなどヨーロッパの非核兵器国も認められていますが、それは欧州原子力共同体（ユーラトム）という地域的枠組みの中での話であって、日本とは立場が違う）。なお、韓国は、日本と同じ権利を獲得しようと長年対米交渉を重ねましたが、ついに成功しませんでした。また、インドも１９７４年の核実験のせいで長年制裁を受け、冷遇されてきましたが、２００８年に米印原子力協定問題で例外的に再処理を認められています。

なお、日印原子力協定は足かけ7年の交渉の末、2016年11月に署名され、17年7月に発効しました。日印原子力協定問題の経緯については、「日本とインド　いま結ばれる民主主義国家」（櫻井よしこ編著、文春文庫）所収の拙稿「核と原子力を巡る日印関係」やhttp://www.engy-sqr.com/watashinoiken/iken_htm/20160621kanekonitiinn.pdfの拙稿をご覧ください。

日米協定の「2018年問題」とは？

さて、1988年7月17日に発効した現行の日米協定は、有効期限が30年となっているので、2018年7月17日に満期となりますが、そこで失効するわけではなく、日米いずれかが6か月前に特別の提案をしない限り、そのまま自動延長される仕組みになっています（協定第16条）。このような自動延長方式は他の条約や協定にもしばしば採用されており、例えば、日米安全保障条約もそうです。同条約は1960年に発効し、最初の有効期間10年目の1970年に自動延長されたまま、今日に至っており、「日米同盟」と言われるまでに強固になった日米友好関係の基盤として、盤石の重みを持っています。原子力協定も全く同様で、日米友好関係が今後とも維持される限り、この協定が一方的に破棄されることはあり得ませんし、もちろん日本側から破棄や改正を言い出す必要はありません。

従って、今の時点で日本側から「２０１８年問題」を騒ぎたてるのは愚の骨頂というべきです。日本国内では、反原発、反再処理派の人々が、「もんじゅ」が廃炉になり、六ケ所再処理工場がもたつき、プルサーマルも停滞している状態で、「余剰プルトニウム」が48トンも溜まっているから、核不拡散上問題であり、海外から疑惑を持たれている、米国が必ず再処理をやめよと要求してくる等と言って勝手に警鐘を鳴らしています。一部の不勉強な識者やマスコミもこの主張に同調して騒いでいますが、これは全くお門違いです。

日本側で騒げば騒ぐほど、米国内の、反原発派や核不拡散派の議員たちが勢いづいて、原子力協定を「改正」して、日本の再処理権を取り上げるべきだと言ってくる可能性が多分にあります。すでにそのような動きが、日米の反原発、反再処理派によって水面下で進められています。一例を挙げると、２０１７年2月下旬に東京都内で、日米韓などの核・原子力問題の民間専門家が「日米原子力協力協定と日本のプルトニウム政策国際会議」ＰｕＰｏ２０１７（主催は原子力資料情報室など日米の非営利団体）を開催しました。その内容は次のＵＲＬに載っていますので、関心のある方は是非一度ご覧ください（http://www.

cnic.jp/7348#a1)。

しかし、彼らの宣伝や扇動に踊らされて、右顧左眄(うこさべん)してはいけません。「2018年問題」を心配する暇があったら、六ケ所工場の早期操業開始やプルサーマル再開の必要性を訴え、その実現のために全力を尽くすべきです。六ケ所工場を管理する日本原燃(株)は、同工場は2018年度の上期に竣工するとしていますので、是非ともそれを実現してもらわねばなりませんし、原子力規制委員会もこうした状況を十分考慮して安全性審査を急いでもらいたいと思います。

他方、反原発派の本当の狙いは、日米協定問題をテコに六ケ所工場を廃棄に追い込み、日本の原子力発電自体を葬り去ることですから、彼らを説得し、翻意させることは土台無理でしょう。それより政府や関係企業は日本側の足元をしっかり固め、彼らにつけ入る隙を見せぬことが大事です。そのためには、この際原子力の専門家は怖気づくことなく、勇気を出して、日本にとっての原発と核燃料サイクルの重要性を内外に向かって明快に訴え続けることです。専門家が言うべきことを言わなければ、あたかも反対論が日本全体の世論のように受け取られ、間違ったメッセージを米国等に伝えることになります。

「余剰プルトニウム」と核拡散問題

日米協定の２０１８年問題については、この他にも言うべきことが多々ありますが、重要な問題点を一つだけ指摘しておきます。それは「余剰プルトニウム」という概念についてです。これは１９７７年の日米再処理交渉や前述のＩＮＦＣＥでも盛んに議論されたことですが、日本側は、日本が所有するプルトニウムはすべて使用目的を持ち、いずれ必ず使うものであるから「余剰（excess または surplus）プルトニウム」ではない、日本は「余剰プルトニウム」は持たないと繰り返し宣言してきました。

この立場は以来一貫して日本政府によって堅持されています。現在は、福島事故の影響で軽水炉がほとんど停止しているので「プルサーマル」は中断されており、高速増殖炉原型炉「もんじゅ」も２０１６年末廃炉と決まってしまったので、プルトニウムが溜まったままですが、いわゆる「余剰プルトニウム」ではありません。

しかも前述したように、現在合計48トンあるプルトニウムのうち、4分の3以上は英仏（ともに核兵器国）に保管されており、日本国内にある約11トンの大部分はウランとの混合酸化物（いわゆるＭＯＸ）になっており、容易には核兵器製造に転用できない形態になっています。さらに、六ケ所再処理工場については、本格操業に入れば最大約8トン／年のプルが生産されますが、すべてウランとの混合酸化物になっており、これまた核兵器製造に転用しにくい形になっています。

ところが、反原発派や一部マスコミでは、「日本が所有している48トンのプルトニウムで約６０００発の原爆が製造可能だ」などと書き立てて、盛んに危機感を煽っています。純度の高いプルトニウム8キログラムで長崎級原爆が1発できるという計算ですが、これは非常にミスリーディングな表現です。こういう間違った報道や宣伝で、一般市民の不信感や恐怖心を煽るのは反原発、反再処理派の常套手段ですが、看過できません。彼らは、日本が保有する分離プルトニウムではとてもそんなに簡単に核爆弾を作れるような状況にないという科学的事実を（おそらく）知っていながら、意図的に無視しているのだと思います。

周知のように、日本はＮＰＴ加盟国としてＩＡＥＡによる保障措置（査察）を国内のあらゆる原子力活動に対して全面的に受け入れており、とりわけ分離プルトニウムの在庫管理は厳重な査察の対象となっています。六ケ所再処理工場に至っては、工場の敷地内にＩ

ＡＥＡ査察官が常駐する事務所が設置されており、24時間いつでも工場を査察できる状態になっています。このような状態は日本だけで、日本ほど厳格なプルトニウム管理を実施している国は他にありません。

「プルトニウムの在庫量は毎年原子力委員会によって、ＩＡＥＡの「プルトニウム管理に関する指針」の内容以上に詳細かつ克明に公表されていますが、これも日本だけが自らに課した義務として行っているものです。

なぜ日本は「痛くない腹」を探られるか？

にもかかわらず、日本が海外からしばしば疑惑の目で見られ、「痛くない腹」を探られているのは、何故でしょうか。それは、端的に言うと、日本の核物質管理を担当する規制当局（とくに原子力規制委員会や公益財団法人・核物質管理センターなど）が積極的に実態を国民にはっきり説明していないからだと思います。だから一般市民はもとより、原子力業界の関係者や専門家でさえも、核物質管理の実態や査察（保障措置）の重要性をほとんど全く理解しておらず、中にはＩＡＥＡの査察訪問を面倒な邪魔者のように見ている現場の人もいるようです。ＩＡＥＡの査察（保障措置）こそが日本の原子力活動の「平和性」を担保するものであることを理解していないためで、この面での教育・広報の不足を痛感します。ここにも国際査察業務を担当する官庁や団体の日頃の努力不足が如実に現われていると思います。

核物質防護・核テロ防止など治安上の理由により情報公開には限度があるという言い訳はある程度理解できますが、差し障りのない範囲内で、もっと分かりやすく国民に核物質の管理状況を説明することは出来るはずです。それをしないのは一種の職務怠慢ではないか。あまりにも専門的な、密教的な領域に閉じ籠って、適切な情報発信を怠っているとしか思えません。その結果、せっかくＩＡＥＡから太鼓判を押されるほどのしっかりした核物質管理を行い、核転用のおそれが全くないのに、海外から日本の核燃料サイクル活動が疑いの目で見られており、その結果六ケ所再処理工場への内外の風当たりが強くなっているとすれば、甚だ残念なことです。この機会に関係者の猛省と今後の奮起を強く求めたいと思います。

日本のプルトニウムでは核爆弾は出来ない

ついでに、この機会にもう1点強調しておきたいことは、そもそも、日本のような商業用軽水炉の使用済燃料から取り出したプルトニウムには、Ｐｕ２３９以外の色々な不純物が交じっているので、そのままでは核爆弾は作りにくいということです。

かなり以前、英国のガス冷却炉由来の比較的純度の高いプルトニウムで核爆発実験を行った例が米国にはあるようですが、日本のような普通の商業用軽水炉由来のプルトニウムを使って行った実験はないと断言できます。

元々日米原子力協定で、核兵器のみならず、核爆発装置の開発は実験室規模のものでもすべて完全に禁止されているので（第8条）、日本国内で実験した例はないのです。しかし、いずれにせよ、軽水炉由来のプルでも、無理に組み立てて爆発させることは全く不可能ではないでしょうが、ミサイルに搭載可能な実用的な核爆弾製造は不可能と言われています。このことをある著名な専門家は、「鉛や鋼鉄でも飛行機はできるだろうが、重すぎて飛ばないから役に立たない」という比喩で説明していますが、全く同感です。

ただし参考までに補足しますと、本格的な核爆弾ではなく、粗製爆弾、例えば何らかの放射性物質をスーツケースなどに入れて、それを通常のダイナマイトや手榴弾と一緒に爆発させて拡散させるという、いわゆる「汚い爆弾」dirty bombというものもあり、とくに9・11以後の米欧では、その懸念が高まっています。

確かに殺傷能力はほとんど無いとしても、例えばニューヨークのブロードウェイや東京・銀座4丁目交差点など大都市の繁華街で、放射能を広範囲にバラまくことによって、パニックを起こさせる効果はあり、テロリストがそれを狙っていると言われます。オバマ前大統領が一番恐れていたのもこれで、だから彼は在任中に4回も「核セキュリティ・サミット」を開催しました。この手の核物質は原子力発電所や核燃料加工工場、再処理工場ではなく、むしろ病院（放射線治療科）や大学の研究室などの管理が甘いところから窃取される場合が多いでしょう。こういうものまでも警戒し、防止しなければならない厄介な世の中になったということです。日本も「核テロ」対策の一環として、こういう面にも目を光らせる必要があることは確かです。

おわりに　この1年が正念場

本章では、日本の原子力問題のうち、再処理やプルトニウム利用など核燃料サイクル政策や日米原子力協定問題について、国際的視点から論じましたが、当然ながら国内的な視点でみれば、様々な別の問題点があります。特に六ケ所再処理工場については、技術的、経済的な問題点も多々あると承知しています。決して前途は容易ではありませんが、しかし、そうした問題点をできるだけ早期に一つずつクリアして、日本原燃（株）が言うように２０１８年度上期までに必ず竣工させ、本格操業に漕ぎ着けることが肝心です。そのためには原子力規制委員会にも審査作業をもっとスピードアップしてもらわねばなりません。

また、地元青森県側の理解と強力なサポートが引き続き必要であることは言うまでもありませんが、同時に全国の国民各位にも原子力と核燃料サイクルの重要性を理解していただくための一層の努力が欠かせません。そうした挙国一致の支援体制の下で、日本原燃（株）には最大限頑張ってもらいたいものです。このようにして、日本が核燃料サイクル確立の旗を高く掲げ続ける姿勢を示すことこそが、「２０１８年問題」を乗り切るカギであり、ひいては日本の原子力の未来を切り開く道であると確信します。これからの1年が正念場。さらに褌を締め直して、しっかり対処しなければならないと思います。

執筆者自己紹介

金子熊夫（はじめに、1章、2章、8章担当）

本書の「はじめに」でちょっと触れましたように、私自身は生来の文系人間で、学生時代から理系的な分野は最も不得手で、ずっと避けてきました。しかし、運命の皮肉というか、長年外交官として内外で働くうちに、偶然の成り行きで、黎明期の環境問題や原子力・核問題に深くかかわるようになりました。ちょっと長くなって恐縮ですが、私がどのようにして畑違いの環境問題や原子力問題と関係を持つようになったのかを駆け足で説明させていただきます。そうすることが、本書で私が述べたことを理解していただく上でプラスになると考えるからです。

実は、駆け出しの外交官として、1960年代初め、ベトナム戦争最盛期のサイゴン（現ホーチミン市）の日本大使館に勤務中、猛烈な市街戦（1968年2月のテト攻勢）に巻き込まれ、危うく一命を落としかけました。その意味で、ベトナムは私にとって「第二の人生」の始まりとなった重要な国です。そして、この貴重な体験が契機となって、世の中のことを、学生時代のように無責任に、特定のイデオロギーや理念によってではなく、現実的、客観的に、また評論家としてではなく実践者として見なければいけないと痛切に考えるようになりました。これが以後の私の人生の基本姿勢となっています。

幸いベトナムから奇跡的に生還し、東京の外務省で、何か意味のある仕事をしたいと思っていたところ、1960年代末から「環境問題」という、それまで全く耳にしたことのない新しい領域の問題に取り組むことになりました。今では小学生でも良く知っている問題ですが、当時は「環境問題」という言葉自体が存在しませんでした。ちょうど東京オリンピック（1964年）の直後で、高度経済成長の落とし子である、水俣病（水銀中毒）、四日市病（喘息）などの「公害」が大きな社会問題になっていましたが、「環境問題」という概念は日本にはなかったのです。東京大学などの数人の偉い先生に尋ねても、誰もそんな問題はよく分からないという返事でした。ですから、私は、外務省で、というより日本政府内で最初にして唯一人の環境問題担当官という特殊な立場で、自ら暗中模索を繰り返しながら勉強する以外にありませんでした。

そうした悪戦苦闘の過程で、一介の公務員の身分でしたが、日本における「公害から環境へ」の意識革命を主導したり、環境庁（現環境省）の創設（1970年）に参画したりして日本における最初の〝環境ブーム〟を演出しました。今では誰でも知っている「かけがえのない地球」というスローガンは当時私が自ら考案したもの。その後、歴史的な１９７２年６月の国連人間環境会議（ストックホルム会議）に、大石武一氏（事実上の初代環境庁長官）とともに政府代表として出席した後、新設された国連環境計画（ＵＮＥＰ）事務局に出向して世界の環境保護問題に取り組み、地球規模の環境問題の最前線で４年余り汗を流しました。ちなみに、当時は原子力問題にはあまり深く関与せず、どちらかと言うと、原発に批判的な立場で、「国際グリーンピース」や「地球の友」など生まれたての環境保護団体による初期の反原発運動を指導・助成したりしました。

ところが、国連で勤務中に、あの第一次石油危機（１９７３～74年）に遭遇し、無資源国としての悲哀をたっぷり味わうと同時に、国際政治上の厳しい体験を経て、それまでの環境問題最優先の考えから、環境問題とエネルギー問題のバランスを考えるようになりました。折しも、日本では脱石油の切り札として原子力利用を急激に加速していました。東京電力の福島第一原発など多くの原子力発電所が建設され、運転開始したのもほぼその時期です。

ところが、皮肉にもちょうどその時期に、インドが「平和利用」と称して核実験（１９７４年）を行ったために、米国、カナダ、オーストラリアなどウラン燃料供給国が核兵器能力の拡散を警戒して、急に原子力関連の輸出規制を強化しました。特に米国では、ジミー・カーター大統領（在任期間は1977～81年）が極めて厳格な核不拡散政策を打ち出し、その新政策の適用第1号として、ちょうど日本の茨城県東海村に完成したばかりの核燃料再処理施設の運転に「待った！」をかけてきました。そこで日米は文字通り激突したわけです。

まさにその激突の前夜に国連から帰朝し、外務省に復帰した私は直ちに、「日米原子力戦争」と呼ばれたほどの激しい日米交渉の渦中に放り込まれ、以後5年間、寝食を忘れて原子力外交に没頭しました。そうした経緯はいずれ回想録の中で詳しく記録しておくつもりですが、そのようないくつかの歴史的な体験を通じて、元来理系分野は不得意だったのに、いつの間にか環境問題やエネルギー問題、そして原子力問題に深い関係を持つようになったわけです。

今振り返ると、私が戦火のサイゴンで勤務していた1960年代半ば、ベトナム戦争反対運動が世界的に盛り上がり、私自身もその反戦運動に共感していましたが、ベトナム戦争が下火になった1960年代末から70年代初め、それまで反戦運動に熱中していた反体制派の人たちは、ちょうどその時期に顕在化しはじめた環境汚染・公害問題に運動目標を移しました。それがストックホルム会議（1972年）を経て次第に反捕鯨運動や反原発・

反プルトニウム運動に発展していったわけですが、私自身もそうした大きな時代の流れの中で仕事をしてきたような気がします。

私がかつて自ら考案した「かけがえのない地球」を掲げて環境問題の旗を振っていた頃同じ釜の飯を食った仲間たちとは、その後石油危機（1973～74年）を境に、私自身が原子力推進派に身を投ずるようになった結果、次第に疎遠になり、現在では原発の是非を巡ってすっかり敵味方のような関係になってしまったことは、運命の皮肉であり、複雑な気持ちです。ただし、私自身は、常に日本人として、祖国日本のために正しい道を歩んできたと確信しており、後悔しているわけではありません。そういう確信があるからこそ、人生の末期になって、このような、世間受けしないだろうと思われる本を敢えて出版する気にもなった次第です。

小野章昌（3章、4章担当）

コロラドの空は透き通るような青さで、風に吹かれてそよぐアスペンの黄葉が素晴らしい対比を見せるキャンパスの景色を、今でも忘れることができません。東京の大学で資源工学を学び、三井物産の修業生としてコロラド鉱山大学を選んで第一歩を記した時の感激が今でも残っているのですが、そこでウランやオイルシェール（今のシェールオイルとは少し違って完熟していない石油とも言えるもの）と出会って、原子力を中心にエネルギー全般にかかわるようになったのは幸運と言えるでしょう。

１９６4年と言えばケネディ大統領がダラスで狙撃された年の翌年ですが、米国は最盛期を迎えており、わが国との余りの格差に唖然としたものです。生活の全てが快適で、下宿した家の暖房は暖められた空気が各室に行き届くセントラルヒーティング方式が採られていて、後で考えると地域暖房システムがすでに完備していたのです。

米国内に30幾つかあったウラン鉱山の文献を調べたことをきっかけとして、現役中には世界の主なウラン鉱山を訪れる機会を持ちましたが、ウランの探鉱・開発の大変さを、身をもって経験したのも貴重でした。ウランを掘ってから、精錬し、ガス化合物に転換し、濃縮し、酸化物に再転換し、燃料に加工し、そして使用済燃料を再処理し、廃棄物を処分するのも、それぞれの工程でそれぞれの工夫が必要なことを知り、できる限り自国でその設備を持つことの大切さも学びました。

現役を退いてからは、化石燃料資源や再生可能エネルギーについても情報を収集し、分析し、その結果を発信してきました。分かったことは、化石燃料には生産ピークという限度が控えており、再生可能エネルギー（太陽光・風力）には間欠的で変動するという希薄なエネルギー源特有の性質があって、その利用には自ずと限度が生じるということです。

エネルギー資源が沢山ある米国は、まだまだ当分は豊かな生活を送ることができるでしょう。私が最初にコロラドで経験した生活が自然体で続けられるのです。しかしオバマ政権の「石炭はいやだ」、トランプ政権の「温暖化はにせ情報だ」などという贅沢な政策を真似することはできません。

「資源を持たない国」である日本は、選択肢を排除できるほどぜいたくな国ではないのです。「脱原発」では国が持たないことでしょう。エネルギーを確保できない国は生活レベルを落として行くしかありません。将来の化石燃料の生産減退、太陽光・風力の導入限度を見据えながら、あらゆるエネルギー源を財布の許す範囲で賢く利用していき、社会保障制度を維持して弱者を出さず、産業を維持して文明社会の生活レベルを維持していくことが肝要でしょう。ぜひ日本という国はそのようになってもらいたいし、そうであってこそ、エネルギー分野に人生を捧げることができた幸せを噛みしめることができると思っています。

河田東海夫（5章、6章、7章担当）

私は、半世紀以上にわたり原子力の道を歩んできました。私の名前に含まれる「東海」の文字が、私にこの道を選ばせたのです。中学・高校のころ、「東海村」の名は、時々新聞紙上に踊り、この分野への興味を抱かせることになったのです。

大学で原子力を学んだ後、昭和44（1969）年春に、動力炉・核燃料開発事業団（動燃）に、第一期生として入社しました。その後動燃は、改組や組織統合を経て現在の日本原子力研究開発機構（JAEA）へと変遷してきました。その間私は、高速炉燃料に関し、設計、製造、照射試験、再処理技術開発、再処理施設設計などに深く関わってきました。

また、放射性廃棄物の処理・処分技術開発のほか、濃縮の技術移転、核物質管理などにもかかわり、一時はロシア解体核からの余剰プルトニウム処分問題などにも関与しました。現役最後の4年間は、原子力発電環境整備機構（NUMO）にお世話になり、高レベル放射性廃棄物処分の実施主体としての苦労も体験させていただきました。こうした道を振り返ってみると、私は、核燃料サイクルの主要分野を、ほぼ一通り「自らの足で歩いた」ことになります。

そうした立場で核燃料サイクルを眺めてみると、あらためてこの事業の「大器晩成型」性格に思いが至ります。このように巨大かつ複雑で、官民協力と住民理解が不可欠な事業は、今日の市場原理偏重の経済政策議論とは、大変相性が悪い。短期的な利潤追求という点では落第生であり、技術面でのトラブルリスクも容易にゼロにはできない。核拡散防止が絡むので、国の管理からも自立できない。しかし、この巨大事業の真骨頂は、育成には多大な労力と時間がかかるものの、成熟すれば何世紀にもわたる基幹電源安定供給を保証でき、人類に大きく貢献できる点にあります。まさに「大器晩成型」の事業であり、その恩恵は現世代よりも将来世代により大きく及ぶのです。

私達は、20年先の子孫の安寧に大きな責任を負うのはもちろんですが、100年、300年先の子孫の安寧も無視することは許されません。本文で触れたハバートの「一本のマッチの警告」は、100年、300年先には重大なエネルギー危機が確実にやってきて、子孫の安寧が損なわれるという警告です。日本はこれまで、資源によらず技術で恒久的な大量電力供給を可能とする高速増殖炉サイクルの開発を進めてきました。それは夢ではなく、すでに手の届く技術であり、ハバートの警告で予見される子孫の危機に対する最も強力な回避手段となりうるのです。そして、今日の軽水炉サイクルは、自らは閉じきれない未完のサイクルですが、再処理を含むリサイクル技術を産業として習熟する機会を与え、高速炉立ち上げ期に必要となる大量のプルトニウムを生産・備蓄する重要な役目を負っており、いわば高速増殖炉サイクルへと飛翔するために欠かせないカタパルトなのです。

3・11以来、脱原発メディアのキャンペーンは衰えることなく、国民や政治家の多くがその方向になびいています。確かに、福島事故は日本社会に癒しがたい深い傷を残しました。しかし、だからといって資源小国日本は、ハバートの警告に最も真剣に耳を傾けなければならない国であることも忘れてはなりません。

再生エネルギーの精一杯の利用拡大は重要ですが、実力的に化石燃料の消耗を穴埋めする主役には到底なりえません。脱原発は、現世代のゼロリスク願望は満たしてくれますが、100年、300年後の子孫から、彼らが迎えるエネルギー危機の最も強力な回避手段を奪ってしまいます。原発自体は、本書で紹介したように事故の教訓を踏まえ、過酷事故の再来を招かないよう様々な安全強化策が講じられているにもかかわらずです。それで本当に良いのでしょうか？　そうした思いで、今回この本の執筆に参加させていただいた次第です。

〈年表〉 核と原子力の 72 年の歩み

1945 **広島・長崎原爆投下**〈マンハッタン計画〉 日本降伏・終戦
1946 国連原子力委員会開催 米：原子力法（マクマホン法）制定
1949 ソ連：核実験成功 ＮＡＴＯ、米ソ冷戦開始
1950 朝鮮戦争、 マッカーサーが対中原爆使用を主張
1951 米：世界初の民生用原子力発電に成功
1952 英：核実験成功 米：水爆実験成功
1953 アイゼンハワー大統領国連演説で **"Atoms for Peace"** 提案
ソ連：水爆実験成功
1954 ビキニ環礁水爆実験で日本マグロ漁船「第 5 福竜丸」被曝、反核運動
1955 第 1 回国連原子力平和利用会議開催（ジュネーヴ）
日本：原子力基本法制定、原子力委員会設置
1956 日本原子力研究所および原燃公社設立
1957 国際原子力機関（IAEA）発足 日本理事国に
1960 仏：核実験成功
1962 キューバ・ミサイル危機 ケネディ vs. フルシチョフ対決
1964 東京オリンピック、その最中に中国が核実験
1966 **日本：初の商業炉・原電東海発電所**（16.6 万 kW）が営業運転開始
1967 動力炉・核燃料開発事業団発足
1968 旧日米原子力協定発効
1970 **核不拡散条約 NPT 発効**（日本署名 1970, 批准 1976)。
大阪万博、関電美浜炉
1971 沖縄返還に関連して日本「非核三原則」を宣言
1973 第 4 次中東戦争で**石油危機** 脱石油、世界的に原子力発電所建設ブーム始まる
1974 インド核実験成功 NPT 体制に衝撃
1975 政府「総合エネルギー政策の基本方向」発表、石油危機後のエネルギー安全保障強化策を決定（原子力は脱石油の重要な柱）

1977	**米：カーター政権が核不拡散政策を強化**、東海再処理施設の運転をめぐる日米原子力交渉、INFCE（～2000年）でも日本側が完勝。
1978	原子力輸出規制ロンドン・ガイドライン 日本：原子力安全委員会が発足
1979	**米：スリーマイル島原発事故**　外務省に原子力課創設
1980	日本原燃サービス（JNFS）設立（1992年に日本原燃（JNFL）改組）
1981	イスラエルがイラクの原子力施設を空爆
1982	日本：高速増殖炉原型炉「もんじゅ」建設計画を閣議決定
1986	ソ連：チェルノブイリ原発事故（この事故が発端で91年ソ連崩壊、冷戦終了）
1988	新日米原子力協定発効（有効期限30年、2018年まで）
1992	中国：NPTに加盟
1993	北朝鮮：NPTから脱退表明（その後保留？ 態度曖昧）、六ケ所再処理工場着工
1994	北朝鮮と米国が枠組み協定に合意、KEDO設立、その後破綻泥沼状態
1995	**日本：「もんじゅ」ナトリウム漏れ事故で運転中断**
1996	核兵器の違法性問題で国際司法裁判所が勧告的意見。包括的核実験禁止条約　CTBT採択（いまだに発効せず）
1997	アスファルト施設火災爆発事故（翌年動燃解体的改組⇒核燃料サイクル開発機構）
1998	インドとパキスタンが核実験
1999	BNFL製MOX燃料データ改ざん問題（関電）⇒プルサーマル計画大幅遅延　東海村のJCOウラン転換工場で臨界事故（大量被曝者3名、うち2名死亡）
2001	日本：省庁再編、原子力安全・保安院が発足。東電柏崎刈羽原発のプルサーマル問題化　米：9.11同時多発テロ事件
2002	東電のデータ改竄、トラブル隠し問題
2003	北朝鮮NPT脱退通告。イラク戦争（イラクの核開発疑惑は結局、証拠見つからず）
2005	北朝鮮が核保有宣言　地下核実験（以後現在までに10回近

	く実験） 米印原子力合意発表 米印協定交渉開始
2008	米印原子力協定問題がNSGで承認（発効は2009年）。リーマン・ショック
2009	米：オバマ大統領プラハで「核兵器なき世界」演説。 米：ヤッカマウンテン計画廃棄、「シェールガス革命」 日本：民主党総選挙大勝、鳩山政権発足
2010	日本とインドが原子力協定交渉開始 日本とベトナムが原発建設で協力合意（2基受注内定。2016年秋に白紙化）
2011	東日本大震災と**東電福島第一原発事故**：1~3号機で炉心溶融、水素爆発、放射性物質が大量飛散 放射能汚染 地域住民避難 「1ミリシーベルト」問題
2012	原子力安全委員会と原子力安全・保安院廃止、新たに環境省の外局として**原子力規制委員会＋原子力規制庁が発足**。同年末の総選挙で自民党が政権復帰
2014	第4次エネルギー基本計画を閣議決定、原子力を「重要なベースロード電源」と規定。 九州電力・川内原発が新基準適合性審査「合格」第1号
2015	**「エネルギー・ベスト・ミックス」**原子力を20~22%（2030年までに） 12月にパリでCO21開催、温暖化ガス排出削減目標値の明確化 イラン核問題で合意成立。原油価格下落。 廃炉・賠償機構（認可法人）
2016	オバマ広島訪問。英国民投票でEU離脱。トランプ米大統領に当選。パリ協定発効。ベトナム原発計画白紙化。日露首脳会談（山口）。**「もんじゅ」廃炉決定**。
2017	日米首脳会談（安倍・トランプ）。東芝問題。フランス大統領選。ドイツ総選挙。 日本：原子力規制委員長交代。第5次エネルギー基本計画策定？
2018	日米原子力協定（延長）問題 六ヶ所再処理工場竣工予定（2018年度上期）
2020	東京オリンピック・パラリンピック

2022　ドイツ：原子力全廃実現？
2030　日本：原子力で20~22%。再生エネで22~24%を達成目標。
民進党は「原発ゼロ」目標？

（2017/05/31現在）

【執筆者略歴】

金子熊夫（かねこ　くまお）

1937年、愛知県生まれ。外交官としてほぼ30年間世界各地で勤務。一時期国連に出向して国連環境計画（UNEP）の創設に参加。UNEPアジア太平洋地域代表などを歴任後、外務省に復帰。初代の外務省原子力課長として日米原子力交渉、INFCEなどを担当。その後太平洋経済協力日本委員会事務局長、日本国際問題研究所研究局長（所長代行）などを経て1989年に退官。同時に東海大学教授（国際政治担当）、2003年退職。その後エネルギー戦略研究会（通称：EEE会議）を創設し会長として現在に至る。現在は外交評論家としても活躍中。最終学歴：ハーバード大学法科大学院卒（修士＝国際法専攻）。80歳。主要著書：「日本の核　アジアの核」（朝日新聞　1997年）、「かけがえのない地球」（1972年）など多数。

小野章昌（おの　あきまさ）

1939年愛知県生まれ、1962年東京大学工学部鉱山学科卒、同年三井物産（株）入社、1964～65年コロラド鉱山大学修士課程留学、三井物産では金属資源開発、原子燃料ビジネス全般を担務、引退後はコンサルタントとしてエネルギー全般の情報収集、分析、発信、アドバイスを行う。

河田東海夫（かわた　とみお）

1945年埼玉県生まれ。1969年東北大学大学院工学研究科修士課程修了（原子核工学）。同年動力炉・核燃料開発事業団（PNC）入社。高速増殖炉用燃料開発、核燃料サイクル技術開発、放射性廃棄物処分技術開発などに従事。核燃料サイクルに関しては、長年にわたり米仏との技術協力や、IAEAの関連ワーキンググループ活動に深くかかわり、この分野の各国専門家と核不拡散問題なども含む幅広い議論を交わしてきた。核燃料サイクル開発機構（JNC）理事、日本原子力研究開発機構（JAEA）地層処分研究開発部門長、原子力発電環境整備機構（NUMO）理事を歴任。

小池・小泉「脱原発」のウソ

2017年11月15日　第1刷発行

著　者　金子熊夫　小野章昌　河田東海夫

発行者　土井尚道
発行所　株式会社　飛鳥新社
〒101-0003 東京都千代田区一ツ橋2-4-3　光文恒産ビル
電話（営業）03-3263-7770（編集）03-3263-7773
http://www.asukashinsha.co.jp

装　幀　飛鳥新社デザイン部

印刷・製本　中央精版印刷株式会社

ISBN 978-4-86410-582-8

編集担当　工藤博海